**Berichte aus dem
Institut für Umformtechnik
der Universität Stuttgart**

Herausgeber: Prof. Dr.-Ing. K. Lange

93

Winfried Schätzle

Querfließpressen eines Flansches oder Bundes an zylindrischen Vollkörpern aus Stahl

Mit 67 Abbildungen und 3 Tabellen

Springer-Verlag
Berlin Heidelberg New York
London Paris Tokyo 1987

Dipl.-Ing. Winfried Schätzle
Institut für Umformtechnik
Universität Stuttgart

Dr.-Ing. Kurt Lange
o. Professor an der Universität Stuttgart
Institut für Umformtechnik

ISBN-13: 978-3-540-17929-0   e-ISBN-13: 978-3-642-83129-4
DOI: 10.1007/978-3-642-83129-4

Gesamtherstellung: Copydruck GmbH, Heimsheim
2362/3020—543210

GELEITWORT DES HERAUSGEBERS
——————————————————————————

Die Umformtechnik zeichnet sich durch sehr gute Werkstoffauswertung und hohe Mengenleistung in der Serienfertigung gegenüber anderen Fertigungsverfahren aus, wobei Beibehaltung der Masse, Änderung der Festigkeitseigenschaften während eines Vorgangs und elastische Rückfederung der Werkstücke nach einem Vorgang wesentliche Merkmale sind. Weiter sind die benötigten Kräfte, Arbeiten und Leistungen sehr viel größer als z.B. bei spanenden Verfahren. Die sichere Beherrschung eines Verfahrens in der industriellen Fertigung und die zunehmende Forderung nach Vermeidung bzw. Minimierung spanender Nacharbeit erzwingen die geschlossene Betrachtung des Systems "Umformende Fertigung" unter zentraler Berücksichtigung plastizitätstheoretischer, werkstoffkundlicher und tribologischer Grundlagen.

Das Institut für Umformtechnik der Universität Stuttgart stellt entsprechend Forschung und Entwicklung zum einen auf die Erarbeitung von Grundlagenwissen in diesen Bereichen ab, zum anderen untersucht und entwickelt es Verfahren unter Anwendung spezieller Meßtechniken mit dem Ziel einer genauen quantitativen Ermittlung des Einflusses der Parameter von Vorgang, Werkstoff, Werkzeug und Maschine. Die Behandlung von Problemen des Maschinenverhaltens, der Maschinenkonstruktion sowie der Werkzeugauslegung und -beanspruchung, der Auswahl hochbeanspruchbarer, verschleißfester Werkzeugbaustoffe und schließlich der Tribologie gehört entsprechend ebenfalls zum Arbeitsgebiet, das durch die Erfassung organisatorischer und betriebswirtschaftlicher Fragen abgerundet wird.

Im Rahmen der "Berichte aus dem Institut für Umformtechnik" erscheinen in zwangloser Folge jährlich mehrere Bände, in denen über einzelne Themen ausführlich berichtet wird. Dabei handelt es sich vornehmlich um Abschlußberichte von Forschungsvorhaben, Dissertationen, aber gelegentlich auch um andere Texte. Diese Berichte sollen den in der Praxis stehenden Ingenieuren und Wissenschaftlern zur Weiterbildung dienen und eine Hilfe bei der Lösung umformtechnischer Aufgaben sein. Für die Studieren-

den bieten sie die Möglichkeit zur Vertiefung der Kenntnisse.
Die seit zwei Jahrzehnten bewährte freundschaftliche Zusammenarbeit mit dem Springer-Verlag sehe ich als beste Voraussetzung
für das Gelingen dieses Vorhabens an.

Kurt Lange

Vorwort

Die vorliegende Arbeit entstand während meiner Tätigkeit als wissenschaft-
licher Mitarbeiter am Institut für Umformtechnik der Universität Stuttgart.

Herrn Professor Dr.-Ing. K. Lange danke ich für sein Vertrauen, sein stets
förderndes Interesse an der Arbeit und seine zahlreichen Anregungen und
Hinweise.

Herrn Professor Dr.-Ing. F. Dohmann danke ich für die eingehende Durchsicht
dieser Arbeit.

Mein Dank gilt auch denjenigen Mitarbeiterinnen und Mitarbeitern des Instituts für Umformtechnik, die in Diskussionen und durch Hinweise manche wert-
volle Anregungen gaben oder an der Herstellung der Druckvorlagen mitwirk-
ten.

Die Mittel zur Durchführung dieser Arbeit wurden von der Deutschen For-
schungsgemeinschaft zur Verfügung gestellt.

Königsbach-Stein, Februar 1987

Winfried Schätzle

Inhaltsverzeichnis

Seite

<u>Verzeichnis der wichtigsten Abkürzungen</u>

Allgemeine Zeichen

A_1	°C	Umwandlungspunkt für γ-MK in Perlit
A_{c1}	°C	A_1 bei Erwärmung
A_{c3}	°C	Umwandlungspunkt für γ- + α-MK in γ-MK
a	mm	Kantenabzug
b	mm	Kantenhöhe
c	N/mm²	Werkstoffkennwert
d_0	mm	Rohteildurchmesser
d_1	mm	Flansch- bzw. Bunddurchmesser
d_E	mm	Durchmesser der ebenen Fläche am Flansch ($d_E = d_1 - 2a$)
F_{St}	N/mm²	Stempelkraft
$F_{Schließ}$	N/mm²	Matrizenschließkraft
h_0	mm	Rohteillänge
h_1	mm	Werkstücklänge
h_2	mm	Schafthöhe
h_{St}	mm	Stempelweg
HV		Vickershärte
k_f	N/mm²	Fließspannung
k_{f0}	N/mm²	Anfangsfließspannung
$k_{f0.7}$	N/mm²	Fließspannung bei $\varphi = 0.7$
K_p		plastostatische Kennzahl
m_l		Längenmaßstab
m_F		Kraftmaßstab
m_{k_f}		Fließspannungsmaßstab

n		Verfestigungsexponent
p	N/mm²	Spannung
p_{St}	N/mm²	bezogene Stempelkraft
R_a	µm	arithmetischer Mittenrauhwert
r_i	mm	Auslaufradius (i = 1,2)
r_F	mm	Flansch- bzw. Bundwulstradius
R_t	µm	maximale Rauhtiefe
R_{ZDIN}	µm	gemittelte Rauhtiefe
s	mm	Spalthöhe
T'		Spannungsdeviator
V		Formänderungsgeschwindigkeitstensor
v	m/s	Stempelgeschwindigkeit
z,r,ϑ		Zylinderkoordinaten
α		Flansch- bzw. Bunddeckflächenwinkel
ε		Formänderung
ε_{ij}		Komponenten des Formänderungstensors
$\dot{\varepsilon}$		Formänderungsgeschwindigkeiten
$\dot{\varepsilon}_{ij}$		Komponenten des Formänderungsgeschwindigkeitstensors
μ		Reibzahl
σ		Spannungskomponente
σ_{ij}		Komponenten des Spannungstensors
φ		Umformgrad
$\dot{\varphi}$	s^{-1}	Umformgeschwindigkeit

Indizes

0	Anfangs.......
m	mittlere
St	Stempel ......
V	Vergleichs...

Abkürzungen

FÄG	Formänderungsgeschwindigkeit
FÄV	Formänderungsvermögen
FEM	Finite-Elemente-Methode
GKZ	geglüht auf kugeligen Zementit
MK	Mischkristall
QFP	Querfließpressen
VFÄ	Vergleichsformänderungen

0   Einleitung

Die Umformtechnik hat sich in den letzten Jahrzehnten zu einem wichtigen
Zweig der Fertigungstechnik entwickelt. Aufgrund der Energiekostensteige-
rungen erfuhren die Verfahren der Kaltmassivumformung einen erheblichen
Aufschwung, weil hiermit der Werkstoffbedarf gegenüber spanabhebenden Fertigungsverfahren in vielen Fällen deutlich gesenkt werden kann und die
Vorteile der Massivumformung, wie z.B. Festigkeitssteigerung und ungestör-
ter Werkstoffaserverlauf zu weiteren Vorteilen führen [1]. Zukunftsicher
sind diejenigen Umformverfahren, mit denen Werkstücke hergestellt werden
können, die ohne oder mit geringer mechanischer Nachbearbeitung einbaufer-
tig sind.

Sehr häufig werden Fertigteile benötigt, die längsachsenbetont sind und
ausgeprägte quer zur Längsachse angeordnete Nebenformelemente aufweisen.
Diese Teile müssen oft in mehreren Arbeitsvorgängen gefertigt werden oder
werden aus mehreren Elementen gefügt. Ist das nicht möglich, so werden die
Teile verbunden mit viel Werkstoffverlust spanend aus einem Hüllkörper her-
ausgearbeitet. Diese Verfahren sind bezüglich Werkstoffaufwand und Kosten
unbefriedigend.
Eine der Möglichkeiten, diese Technologielücke zu schließen, ist vielleicht
das Querfließpressen. Mit Querfließpressen können an Lang- und Kurzformen
Nebenformelemente vielfältiger Art in einem Arbeitsvorgang erzeugt werden.
Bei manchen Teilefamilien dürfte es möglich sein, Werkstücke so maß- und
formgerecht zu pressen, daß lediglich präzise Funktionsflächen nachge-
schliffen werden müssen.

Typische Querfließpreßteile wären Zapfenkreuze für Gelenkwellen, Zahnrad-
rohteile mit beidseitigen oder einseitigen Zapfen, Getriebewellen mit Bund,
Wellen mit Nocken oder Exzentern und Armaturenrohteile. Die industrielle
Anwendung des Querfließpressens fand jedoch bisher wenig Verbreitung, weil
ein präzises und für die automatisierte Fertigung geeignetes Werkzeugkon-
zept fehlte. Zusätzlich sind die Verfahrenskenngrößen und Verfahrensgrenzen beim Querfließpressen von Stahl weitgehend unbekannt. Es wird angenommen, daß der Umformvorgang instationär ist.

Vielfach wird im Schrifttum zwischen den Verfahren Stauchen und Querfließpressen nicht deutlich unterschieden. Das hatte zur Folge, daß oftmals

Stauchvorgänge in früheren Veröffentlichungen fälschlicherweise als Quer-
fließpreßvorgänge bezeichnet wurden.

0.1 Verfahrensbeschreibung und Formenordnung

Querfließpressen gehört nach DIN 8583, Blatt 6, zur Gruppe der Durchdrück-
verfahren und wird in Voll- und Hohl-Querfließpressen unterteilt (Bild 1).
Gegenüber der Definition in DIN 8583 wird folgender Wortlaut, der das Verfahren genauer beschreibt, vorgeschlagen:

"QFP ist Fließpressen mit Werkstofffluß quer zur Wirkrichtung der Maschine
(Werkzeughauptbewegung). Dabei wird ein Rohteil in einer geschlossenen Matrize unter der Wirkung eines oder mehrerer Stempel in einem Arbeitsvorgang
gleichzeitig in eine oder mehrere Richtungen durch eine unveränderliche
formgebende Werkzeugöffnung ausgepreßt und ein Werkstück mit voller oder
hohler Haupt- und Nebenform erzeugt."

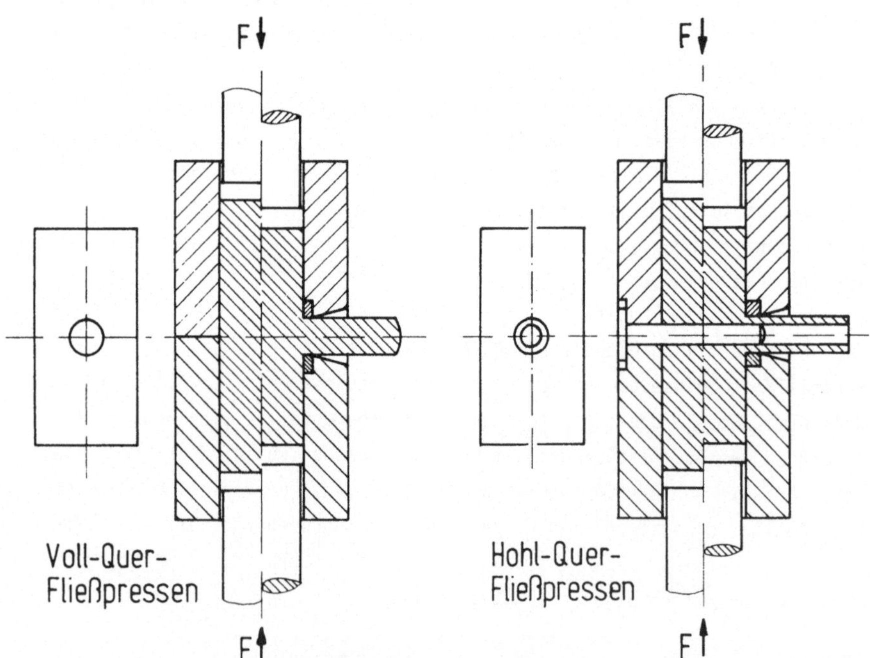

Bild 1: Querfließpressen nach DIN 8583.

Die Forderung, daß die formgebende Werkzeugöffnung während des Pressens
unverändert bleibt, ist das wichtige Unterscheidungsmerkmal gegenüber dem
Stauchen und Formpressen, zwei Verfahren, mit denen zum Teil ähnliche
Werkstückformen hergestellt werden können. Durch Anwendung der strengen
Definition reduziert sich die Anzahl der Veröffentlichungen unter dem
Stichwort QFP deutlich, weil vielfach Stauchverfahren mit ausgeprägter
Breitung des Werkstückstoffes besprochen wurden.

Damit die Werkstücke mit seitlichen Formelementen nach dem Preßvorgang entnommen werden können, muß das Werkzeug horizontal oder vertikal geteilt
sein. Die horizontale Teilung hat den Vorteil, daß die Werkzeugschließbewegung leichter mit der Stößelbewegung der Maschine gekoppelt werden kann.
Die vertikale Teilung der Werkzeuge ist beim QFP von Nebenformen in mehreren Ebenen notwendig. Bei komplizierten Formen sind mehrere Werkzeugseg-
mente erforderlich; die Teilungsflächen müssen nicht eben sein.

Das Werkzeug muß vor Beginn des Preßvorganges geschlossen sein und unter
Wirkung einer ausreichend hohen Schließkraft bis zum Vorgangsende geschlossen bleiben. Hydraulische Pressen sind dafür gut geeignet, weil die
Schließkraft unabhängig von der Maschinenhauptbewegung und der Stößelkraft
erzeugt werden kann. Die Werkzeugschließbewegung kann bei einfach wirkenden Maschinen im Werkzeug integriert sein. Bei gegeneinander wirkenden
Stempeln muß die Bewegung eines Stempels im Werkzeug vorgesehen sein. Es
können mechanische oder hydraulische Federsysteme verwendet werden. Die
Konstruktion muß ermöglichen, daß beide Stempel bezüglich einer Werkstück-
mittelebene gleiche Geschwindigkeiten erreichen.

Zum Auspressen hohler Nebenformelemente müssen zusätzliche Werkzeugbewe-
gungen von den Maschinen abgeleitet werden. Zum QFP eignen sich folglich
einfach- oder mehrfachwirkende, hydraulische oder mechanische Pressen. In
Bild 2 sind für die Variante des QFP "Anformen eines rotationssymmetrischen Bundes durch zwei entgegengesetztwirkende Stempel" die wichtigsten
Bezeichnungen eingetragen. Der Spalt mit der Höhe s stellt die formgebende
Werkzeugöffnung dar, die während des Preßvorgangs konstant hoch bleibt.
Die Querschnittsfläche der Werkzeugöffnung darf beim QFP größer sein als
die der Stempel.

Die Möglichkeit, Werkstoff radial auszupressen, erlaubt die Herstellung
einer Vielzahl unterschiedlicher Nebenformen. Unter Einbeziehung eigener

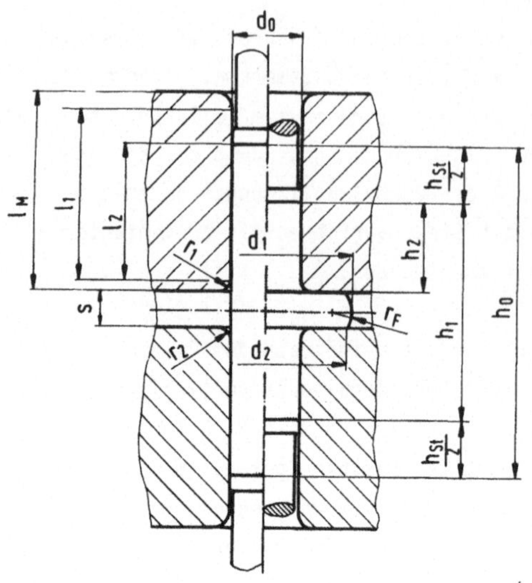

Bild 2:   Bezeichnungen beim Querfließpressen

Ergebnisse und der bekannt gewordenen QFP-Teile wurde durch Systematisie-
rung eine Formenordnung für Nebenformelemente erstellt (Bild 3), deren
Herstellbarkeit gesichert ist oder sehr wahrscheinlich erscheint.
Die Formenvielfalt der QFP-Teile erhöht sich, wenn Hauptformen nach der
in Anlehnung an VDI-Richtlinie 3138 erstellten Formenordnung erzeugt werden. Die Mehrzahl dieser Hauptformen entsteht durch eine Verfahrenskombi-
nation mit dem QFP (Bild 4).

0.2   Aufgabenstellung und Zielsetzung

Im Gegensatz zum QFP liegen für viele Kaltpreßverfahren theoretisch und
experimentell abgesicherte Zusammenhänge der Vorgangskenngrößen vor.
Beim QFP beschränken sich die Kenntnisse auf vereinzelte Beispiele, die
untereinander keine verallgemeinernde Vergleiche zulassen.

Ziel dieser Arbeit ist es, die wichtigsten Einflußgrößen auf den Kraftbedarf, die Verfahrensgrenzen, den Werkstofffluß und die Gebrauchseigenschaften quantitativ zu erfassen und Aussagen über den Werkstofffluß und die
Spannungs- und Formänderungsverteilung zu machen.

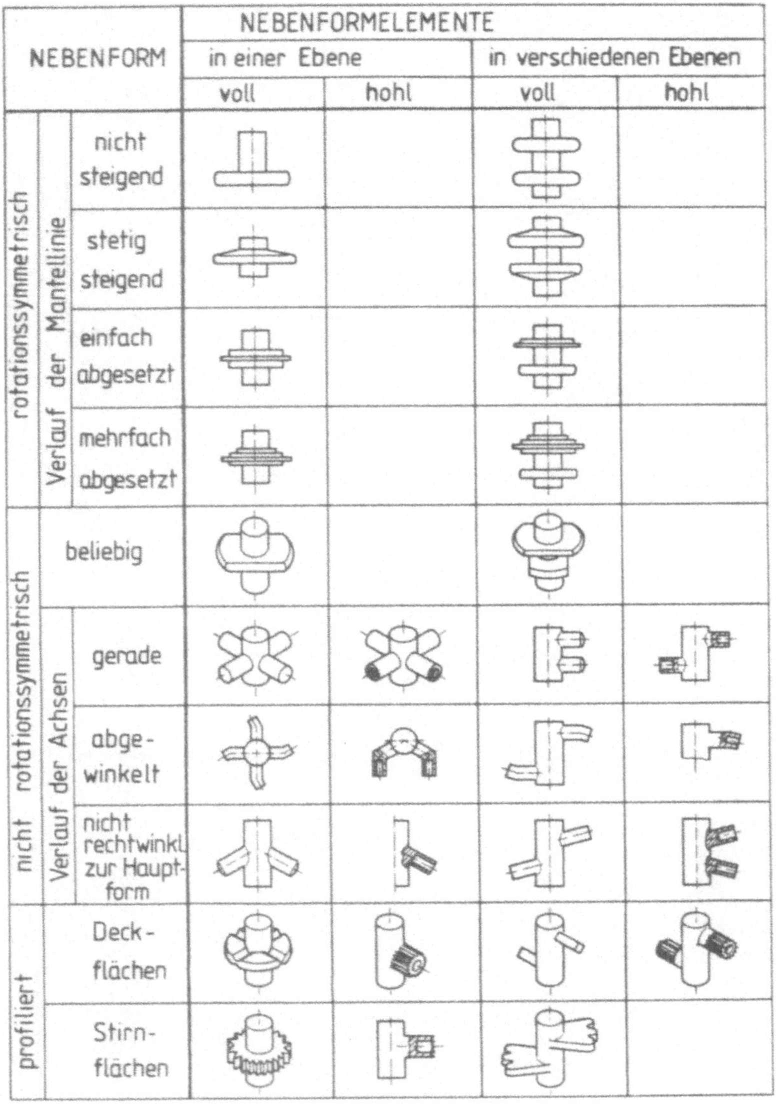

NEBENFORM			NEBENFORMELEMENTE			
			in einer Ebene		in verschiedenen Ebenen	
			voll	hohl	voll	hohl
rotationssymmetrisch	Verlauf der Mantellinie	nicht steigend				
		stetig steigend				
		einfach abgesetzt				
		mehrfach abgesetzt				
nicht rotationssymmetrisch		beliebig				
	Verlauf der Achsen	gerade				
		abgewinkelt				
		nicht rechtwinkl. zur Hauptform				
profiliert		Deckflächen				
		Stirnflächen				

Bild 3: Nebenformelemente beim Querfließpressen.

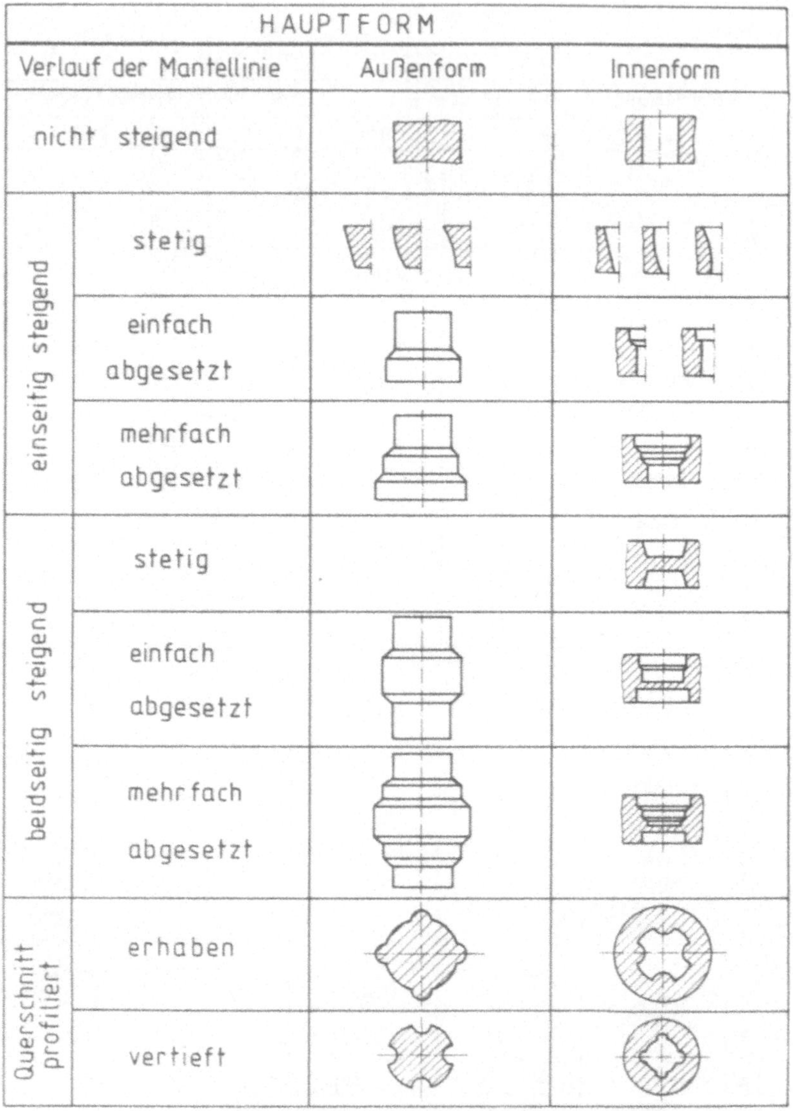

HAUPTFORM		
Verlauf der Mantellinie	Außenform	Innenform
nicht steigend		
einseitig steigend — stetig		
einseitig steigend — einfach abgesetzt		
einseitig steigend — mehrfach abgesetzt		
beidseitig steigend — stetig		
beidseitig steigend — einfach abgesetzt		
beidseitig steigend — mehrfach abgesetzt		
Querschnitt profiliert — erhaben		
Querschnitt profiliert — vertieft		

Bild 4:   Hauptformelemente beim Querfließpressen und bei Verfahrenskombinationen.

Die neuerstellte Formenordnung für QFP-Teile war die Grundlage für die Auswahl einer charakteristischen Werkstückform für diese Arbeit.
An kreiszylindrischen Vollkörpern sollte ein rotationssymmetrischer Bund
bzw. Flansch angeformt werden, wobei auch entgegengesetztwirkende Stempel
verwendet werden sollten. Bild 5 zeigt die drei Verfahrensvarianten des
QFP. Die Versuche erforderten die Konstruktion eines Werkzeuges mit inte-
griertem Federsystem, um auf einer einfachwirkenden Presse die Matrizen-
schließbewegung und -schließkraft erzeugen zu können. Das Werkzeugprinzip
sollte für die industrielle Serienproduktion geeignet sein.
Die Versuche sollten in der Hauptsache mit einer Stahlqualität durchgeführt werden; einige Versuchspunkte sollten mit verschiedenen Stahlwerk-
stoffen vergleichsweise gefahren werden.

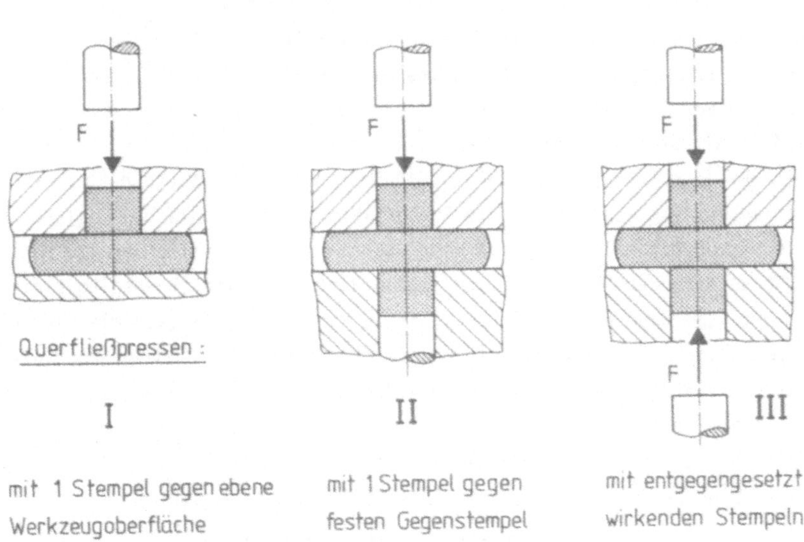

Bild 5:   Varianten des Querfließpressens, geordnet nach der
Stempelbewegung.

1   Stand der Erkenntnisse

Die vorliegende Arbeit befaßt sich mit dem Kalt-QFP von Stahl bei Raumtemperatur. Es werden im Rahmen dieses Kapitels aber auch Veröffentlichungen erwähnt, denen Nichteisenwerkstoffe als Versuchswerkstoffe zugrunde liegen. Im zweiten Abschnitt werden Arbeiten besprochen, die zwar QFP nach strenger Definition sind, jedoch andere Nebenformelemente als Bunde und Flansche aufweisen. Zum Schrifttum über das QFP bei Schmiedetemperatur wird am Ende nur eine Quellenangabe gegeben.

1.1   Querfließpressen von Bunden oder Flanschen

Die bisher ausführlichste Veröffentlichung zum QFP stammt von Hendry [2]. Darin werden experimentelle Ergebnisse einer älteren Arbeit [3] bestätigt. Hendry untersuchte die Auswirkung verschiedener Parameter auf den Kraftbedarf und die Verfahrensgrenzen beim QFP von Teilen entsprechend den Varianten I und II in Bild 5. Es sollte eine Aussage getroffen werden, ob durch QFP mehr Volumen pro Arbeitsvorgang in den Bund gepreßt werden kann, als dies mit Stauchen möglich ist. Dies trifft zu, sofern die relative Spalthöhe im Werkzeug $s/d_0 > 1$ ist. Die Mehrzahl der Versuche hatte ein Verhältnis s/d_0 von 1 bis 1,65, die Rohteillänge im zylindrischen Teil der Matrize betrug maximal $6 \cdot d_0$; darüber wuchsen die Reibkräfte derart, daß der Werkstoff nicht mehr seitlich in den Ringspalt floß. Überstieg s/d_0 den Wert 1,6, dann wurde der Werkstoff im Ringspalt gefaltet, wie dies bei fehlerhaftem Vorstauchverhältnis ebenfalls auftritt. In Abhängigkeit der relativen Spalthöhe ermittelte Hendry den maximalen Stempelweg, bis zu dem der Flanschrand nicht einriß. Der Rißbeginn war proportional zum Kohlenstoffgehalt der sechs verwendeten Stahlqualitäten.
Die Messung der Stempelkräfte bei verschieden langen Rohteilen veranlaßte Hendry zu dem Schluß, daß der gegen Vorgangsende stetig flacher werdende Kraft-Weg-Verlauf Ausdruck der gegen Ende deutlich abnehmenden Reibkräfte in der Matrize ist. Der vom Stauchvorgang bekannte Steilanstieg der Stempelkräfte bei Vorgangsende tritt beim QFP nicht auf. Gegenüber der Variante I lagen die Stempelkräfte bei Variante II um ca. 20 % höher, sofern $s/d_0 < 1,0$ blieb. Für $s/d_0 > 1,0$ war der Unterschied als gering bezeichnet worden. Die Übergänge vom zylindrischen Teil der Matrize in den Ringspalt waren scharfkantig, womit eine wesentliche Werkzeugabmessung, die erwartungsgemäß einen Einfluß auf Kraftbedarf, Werkstofffluß und Verfahrensgrenzen

haben müßte, außer acht gelassen wurde.

Die Ableitung der optimalen Auslaufradien ist das Ziel einer Arbeit von
Cser [4]. In Anerkennung der Tatsache, daß die Gleitlinientheorie bei
axialsymmetrischen Vorgängen nur mit Einschränkung gilt, wird damit eine
qualitative Aussage über die Lage und Abmessung der Umformzone gemacht.
Aufbauend auf einem Extremalprinzip wird aus der Minimierung der notwendigen Umformleistung der optimale Auslaufradius ermittelt, der vom Betrag
der relativen Spalthöhe abhängt. Der Rechnung liegt die vereinfachende Annahme zugrunde, daß der Werkstoff immer am Werkzeug anliegt und ein quasistationärer Werkstofffluß herrscht. Auf der Seite des festen Gegenstempels
(Variante II, Bild 5) wird r = 0 mm als optimaler Radius für alle Parame-
tervariationen angegeben. Der Einfluß der Stempelgeschwindigkeit ergibt
bei v = 10 m/s eine notwendige Vergrößerung der Radien von ca. 4 %, um die
Umformkräfte konstant zu halten. Der Vergleich zwischen Rechnung und Expe-
riment wird anhand eines einzigen Kraft-Weg-Verlaufes unternommen und zeigt
gute Übereinstimmung.

Aufbauend auf den Ansätzen von Cser [4] leiten Saluja u.a. [5] unter stark
vereinfachenden Bedingungen eine Obere-Schranke-Lösung zur Bestimmung der
Umformkraft ab. Die Auslaufradien werden vernachlässigt und im Ringspalt
wird $\frac{\partial v_r}{\partial z}$ = 0 für die Radialgeschwindigkeit angenommen. Drei verschiedene
mathematische Beschreibungen der Grenze zwischen der Umformzone und der
starren Zone über dem Gegenstempel bei Variante II ergeben bei den Stempelkräften Unterschiede von max. 1,5 % gegenüber der ebenen Grenze in Höhe
der unteren Flanschseite. Die berechneten Stempelkräfte liegen ca. 25 %
über den Meßwerten aus Versuchen mit Reinblei.

Bariani und Jovane entwickeln in [6] mathematische Modelle zur Voraussage
der sich frei ausbildenden Werkstückkontur im Ringspalt mit s/d_0 = 0,5 bis
1,5. Aus den analytischen Beziehungen für die herrschenden Spannungszu-
stände leiten die Autoren die Verfahrensgrenze aufgrund des Anreißens am
Flansch ab. Es werden geringere relative Flanschdurchmesser erreicht
(d_1/d_0 max. 1,4), als in [2] und [3] angegeben wurde. Die Auslaufradien
wurden vernachlässigt. Eine Stempelkraftberechnung nach einem Schranken-
verfahren ergab im Vergleich zu Experimenten mit Aluminium um 50 % bis 100 %
zu große Kräfte; die Gültigkeit der Ansätze wird von den Autoren selbst
eingeschränkt. In [7] wird an rotationssymmetrischen Bunden die plastische

Zone bestimmt und der Spannungs-Dehnungszustand in der Umformzone angegeben. Die Werte wurden experimentell aus der Verzerrung aufgedruckter Linienelemente an der Oberfläche und in der Teilungsebene der zusammengesetzten
Rohteile ermittelt. Durch Trennung der beiden Werkstückhälften im Bereich
der Umformzone während des Preßvorgangs sind die Ergebnisse fehlerbehaf-
tet. Es wird ein Vergleich des Einschnürens am Außenrand der QFP-Teile mit
dem der Brucheinschnürung beim einachsigen Zugversuch angestellt und die
Herleitung eines empirisch gewonnenen Faktors zur Bestimmung des Rißbeginns
an QFP-Teilen aus Stahl angegeben. Über die Anzahl der zugrunde liegenden
Versuche werden keine Angaben gemacht.

In einer polnischen Schrift behandelt Materniak [8], aufbauend auf Betrachtungen verzerrter Linienelemente, die auf der Oberfläche der Werkstücke
oder in einer geeigneten Teilungsebene aufgebracht wurden, eine Vielzahl
von Berechnungsformeln, die aber jeweils auf die betrachteten Formen der
QFP-Teile zugeschnitten sind. Dabei geht Materniak von dem Grundgedanken
aus, daß aus der Verzerrung eines Linienelementes nach dem Umformvorgang
ein Vergleichsumformgrad berechnet werden könne.
Eine Vielzahl der in Bild 3 dargestellten Nebenformelemente wurde im Labor-
betrieb an Rohteilen aus Blei, Aluminium oder Weichstahl erzeugt.

In [9] wird über das QFP von Verzahnungen an Kettenrädern berichtet.

Durch hydraulischen Gegendruck auf den Bund konnte Alexander [10] dem bekannten Einreißen des Bundes an QFP-Teilen entgegenwirken und größere
Durchmesserverhältnisse d_1/d_0 erreichen. Am Beispiel von Kupferteilen wurde bei einem Gegendruck von 300 N/mm² gezeigt, daß der erreichbare Flanschdurchmesser um ca. 10 % größer wurde. Für einen Stahlwerkstoff mit K_{f0} =
450 N/mm² wird mit den angegebenen Berechnungsgrundlagen ein Gegendruck von
voraussichtlich 780 N/mm² notwendig sein, um Flansche mit d_1 = 2,5 d_0 herstellen zu können. Die bezogene Stempelkraft wird für Flansche mit s/d_0 =
0,4 ca. 2.300 N/mm² betragen. Der rechnerische Ansatz gilt nur für ideal-
plastischen Werkstoff und reibungsfreien Zustand unter Vernachlässigung
der Auslaufradien.

Selbst spröde Werkstoffe können querfließgepreßt werden, wenn ein hoher
Gegendruck aufgebracht wird. In [11, 12] werden Experimente bei Gegen-
drücken von 800 bis 1.600 N/mm² beschrieben, die erzeugt werden, indem das
Rohteil einen sehr duktilen Werkstoff aus dem Werkzeughohlraum verdrängen
muß.

Eine Zusammenstellung von Versuchsergebnissen des Querfließpressens von
Bunden an Hohlkörpern stammt von Hendry und Watkins [13]. Hierbei entsteht,
noch bevor der Bund einreißt, eine vom Innendurchmesser ausgehende in den
Bund hinein verlaufende Falte, die von Dieterle [14] auch beim Stauchen
von Hohlkörpern beobachtet und ausführlich analysiert wurde.

1.2   Querfließpressen nichtrotationssymmetrischer Nebenformelemente

Materniak leitet in [15] einen Umformgrad für ein Querfließpreßteil aus
komplizierten geometrischen Betrachtungen der Verzerrung eines Elementes
auf dem Weg vom starren Teil des Rohteils in eine Nebenform für den betrachteten Spezialfall ab. Dieser Umformgrad gilt nur für das Auspressen
eines seitlichen Zapfens mit rechteckigem oder rundem Querschnitt an zylindrischen Rohteilen. Mit der elementaren Plastizitätstheorie wird die
Stempelkraft berechnet und Versuchsergebnissen an Teilen aus Aluminium und
Stahl gegenüber gestellt. Mehrere vereinfachende Annahmen beim Werkstofffluß und die Vernachlässigung von Werkzeugradien führten zu Ansätzen, die
bei Wahl der geeigneten Faktoren gute Übereinstimmung mit den Experimenten
zeigten.
Bogojawlenski befaßt sich in [16] mit dem QFP seitlicher Zapfen, wobei
Zapfenanzahl und -durchmesserkombinationen variiert werden. Die Ergebnisse
bestätigen eine Gesetzmäßigkeit, die bei Verfahrenskombinationen auch anderer Verfahren gilt [17], wonach die Kräfte beim Auspressen mehrerer seitlicher Zapfen geringer sind als beim Auspressen nur eines Zapfens. Ein Werk-
zeugaufbau und die Vorrichtung zur Messung der Umformkräfte beim QFP von
vier und fünf Zapfen an Werkstücken aus Aluminium und Messing wird in [18]
beschrieben.
Kudo und Shinozaki [19] befassen sich mit dem Querfließpressen seitlicher
Zapfen unterschiedlicher Anzahl. Die nur kurz erläuterte Näherungslösung,
welche auf der Annahme eines ebenen Formänderungszustands und einem Obere-
Schranke-Prinzip aufbaut, ergibt im Vergleich mit den gemessenen Stempelkräften ausreichende Übereinstimmung nach Ansicht der Verfasser.

Zwei Arbeiten wenden die Gleitlinientheorie auf das QFP von seitlichen
Zapfen an. Quenzi [20] gibt an, durch vereinfachende Annahmen die Werk-
stoffverfestigung berücksichtigen zu können. Ergebnisse aus Modellversu-
chen wiesen eine für ingenieurmäßige Anwendung ausreichende Übereinstimmung mit den theoretischen Stempelkräften auf. Die Lösungsmethode aus diesem Anwendungsfall läßt sich nicht auf andere Umformvorgänge direkt übertragen. Eine Obere-Schranke-Lösung wurde wegen der Diskontinuität des Geschwindigkeitsfeldes nicht erreicht.

Duncan [21] untersucht mit Hilfe von Gleitlinienfeldern den Einfluß der
Lage seitlicher Werkzeugöffnungen (in bezug auf Stempelkante und Gegen-
stempelstirnseite) auf die Preßkräfte. Stempel- und Gegenstempelstirn-
flächen ergeben bei entsprechender Neigung geringere Kräfte als bei ebenen
Stirnflächen. Obwohl die theoretisch abgeleiteten Preßkräfte um 50 % geringer als die experimentell ermittelten Preßkräfte bei Werkstücken aus
Blei sind, konnten qualitative Zusammenhänge zwischen Kräften und Werkzeuggeometrie aufgezeigt werden.

Die einzige bekannt gewordene Anwendung eines Finite-Elemente-Verfahrens
auf das QFP wird in [22] von Tomita und Sowerby veröffentlicht. Sie geben
eine Näherungslösung für das Auspressen eines seitlichen Zapfens aus einer
superplastischen Zinn-Bleilegierung an und stellen den Einfluß der Umformge-
schwindigkeit dar bei Werkstoffen, deren Fließspannung von $\dot{\varphi}$ abhängt. Der
Abschätzung eines Geschwindigkeitsfeldes wird ein ebener Formänderungszustand zugrunde gelegt und die Reibung durch Einführung eines konstanten
Anteiles der aktuellen Schubspannungswerte berücksichtigt. Von den Autoren
wird die Vergleichbarkeit der theoretischen Ergebnisse mit Experimenten
bejaht, wenn in der Rechnung geeignete Parameter gewählt werden. Dies läßt
den Schluß zu, daß diese Methode noch nicht allgemein gültig angesehen werden kann.

Drei russische Veröffentlichungen [23, 24, 25] berichten vom QFP bei
Schmiedetemperatur und werden hier nur als Schrifttumshinweise zitiert.

2   Experimentelle Ermittlung der Verfahrenskenngrößen und
        Werkstoffeigenschaften

2.1   Versuchsplanung, Versuchsdurchführung

2.1.1   Umformmaschine

Für die Auswahl der Umformmaschine waren mehrere Gründe ausschlaggebend.
Das Werkzeug hatte wegen des eingebauten Federsystems für die Matrizen-
schließvorrichtung und wegen der Stempelkraftmeßeinrichtungen eine große
Einbauhöhe. Es wurde eine Auswerfervorrichtung mit langem Hub im Tisch und
Stößel der Maschine gefordert. Die Preßkraft sollte leicht einstellbar sein,
um sie eindeutig an den Matrizenschließdruck anpassen zu können. Annähernd
gleichmäßige Preßkraft und Stößelgeschwindigkeit sind für erste Untersuchungen vorteilhaft, um möglichst viele Versuchskenngrößen konstant halten
zu können. Die zu erwartenden Preßkräfte forderten eine Presse mit ca. 2 MN
Stößelkraft. Von den im Versuchsfeld des Instituts für Umformtechnik der
Universität Stuttgart vorhandenen Maschinen kam nur eine einfachwirkende
ölhydraulische 2 MN-Presse (Fabrikat Müller, Modell ZE 160/200-10, Bau-
jahr 1970) in Frage. Diese Maschine bot den Vorteil einer nahezu gleich-
mäßigen Stößelgeschwindigkeit von etwa 10 mm/s im Arbeitshub. Die Preßkraft war leicht einzustellen und abzulesen.
Auf eine Versuchsserie mit größeren Stößelgeschwindigkeiten konnte im Hinblick auf die von Hendry [2], Cser [4] und Geiger, R. [17] gewonnenen Erkenntnisse verzichtet werden.

2.1.2   Versuchswerkzeug

Damit das QFP nach Variante I, II und III mit einem für die industrielle
Anwendung geeigneten Werkzeug durchgeführt werden konnte, mußte ein neuar-
tiges Werkzeug konstruiert werden.
Das Werkzeug mußte so gestaltet werden, daß ein exakt einstellbarer Matrizenschließdruck möglichst unverändert während des gesamten Preßvorgangs
aufgebracht werden kann. Die gegenläufige Stempelbewegung bei Variante III
muß mit gleicher Geschwindigkeit beider Stempel erfolgen können. Das Werkzeug muß in allen Passungen kraftbeaufschlagter Elemente so abgestimmt werden, daß deren elastische Maßänderungen die Weiterleitung der Stempelkräfte zu den Kraftmeßdosen nicht verfälschen.

Bild 6 ist eine stark vereinfachte Darstellung des Kombinationswerkzeuges ohne die Kraftmeßanbauten, die unten und oben jeweils an die Zylinderdeckel geschraubt werden. Das Werkzeug ist betriebsbereit ca. 800 mm hoch. Die Matrizenteilung ist horizontal und erlaubt deswegen, die Schließbewegung direkt von der Maschinenstößelbewegung abzuleiten. Der Schließdruck wurde durch einen Ringkolben übertragen, der in einem gedrungenen Zylinderrohr durch Hydrauliköl vorgespannt ist. Das durch den Stößelhub während des Arbeitshubes aus dem Zylinderraum verdrängte Volumen floß in einen Blasenspeicher, dessen Volumenanteile an Öl und Stickstoff so abgestimmt waren, daß der Druck im System nur wenig zunahm, wenn der Stößel im unteren Totpunkt ankam. Über die im vorliegenden Fall isothermischen Leistungskenn-

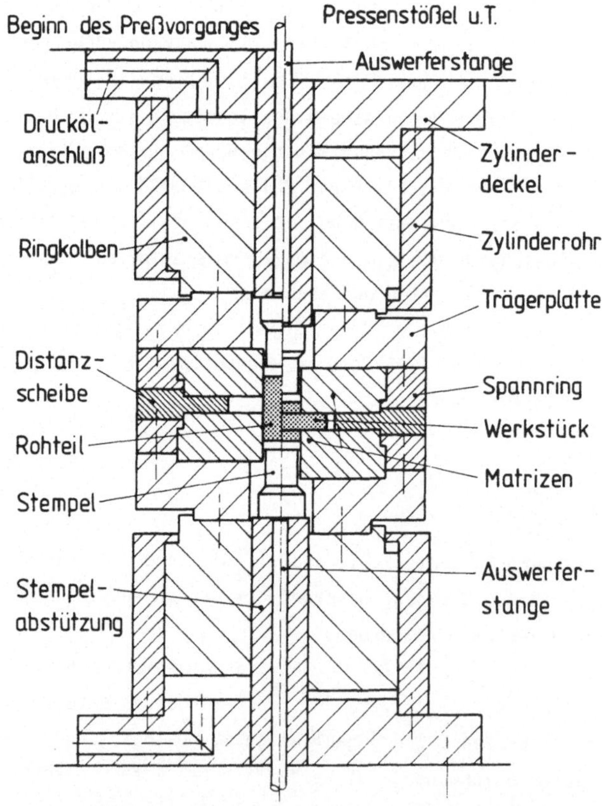

Bild 6: Schematischer Aufbau des Werkzeuges zum Querfließpressen.

linien des Speichers konnte der Schließdruck ermittelt und zusätzlich am
eingebauten Druckanzeiger abgelesen werden. Mit auswechselbaren Distanz-
scheiben konnte die Spalthöhe zwischen den Matrizen eingestellt werden.
Die Matrizen waren symmetrisch zur Mittelebene aufgebaut und hatten an beiden Enden der Bohrung Auslaufradien, so daß die Matrizen nur gewendet werden mußten, wenn die Radienkombination am Werkstück verändert werden sollte. Die beiden Matrizen weichen bei unterschiedlichen Reibverhältnissen
während des Preßvorgangs von der Mittellage bezüglich der Stempelstirnseite ab. Diese Anordnung wird als "schwimmende" Matrize bezeichnet. Für Variante I (Bild 5) wurde gegenüber einer Matrize eine ebene Druckplatte ein-
gesetzt und der Ringkolben auf dieser Seite blockiert. Bei Variante II ge-
nügte die Festsetzung des Ringkolbens auf der Seite des starren Zapfens,
dessen Länge durch die Maße des festen Gegenstempels festgelegt wurde.
Ein Arbeitszyklus lief wie folgt ab:
Ausgehend von der Stößelbewegung im oberen Umkehrpunkt wurde ein Rohteil
in die untere Matrize eingelegt. Die Stößelbewegung wurde eingeleitet und
zentrierte bei dann geschlossenem Spalt das Rohteil mittig zur Spalthöhe.
Bei weiterem Stößelniedergang wurde der Umformvorgang eingeleitet, dessen
Ende durch Festanschläge auf dem Pressentisch definiert war. Nach dem Stö-
ßelrückhub wurde das Teil nach dem Öffnen der Matrizen ausgestoßen und
konnte entnommen werden. Bild 7 zeigt links das Werkzeug im geschlossenen
Zustand von der Blasenspeicherseite und rechts geöffnet mit ausgestoßenem
Werkstück. Ein Arbeitszyklus dauerte im Handtippbetrieb ca. 15 Sekunden.
Das Einlegen und Entnehmen des Werkstückes ist leicht zu automatisieren.

2.1.3   Versuchswerkstoffe und deren Gefügezustand

Die Auswahl der Versuchswerkstoffe war von zwei Gedanken bestimmt. Das QFP
barg als Verfahren noch zu viele Unbekannte, und das Werkzeug war noch un-
erprobt, weshalb der sehr kohlenstoffarme Kaltfließpreßstahl QSt 32-3 aufgrund seines hohen Formänderungsvermögens gewählt wurde.
Daneben stand die Forderung, auch Stähle mit verschieden hohen Festigkei-
ten zu verarbeiten. Es wurden der unlegierte Einsatzstahl C 15 und Vergü-
tungsstahl C 45 und der legierte Einsatzstahl 16 MnCr 5 verwendet.
16 MnCr 5 nimmt bei den mechanischen Eigenschaften eine Mittelstellung
zwischen C 15 und C 45 ein.
Wegen der vergleichsweise geringen Abnahmemengen konnte in den gewünschten
Abmessungen keine Ck-Güte beschafft werden, die ca. 0,01 % geringere An-

a)　　　　　　　　　　　　　　　　b)

Bild 7: a) Querfließpreßwerkzeuge in geschlossenem Zustand (Rückseite)
　　　　b) Werkzeug geöffnet mit ausgestoßenem Werkstück.

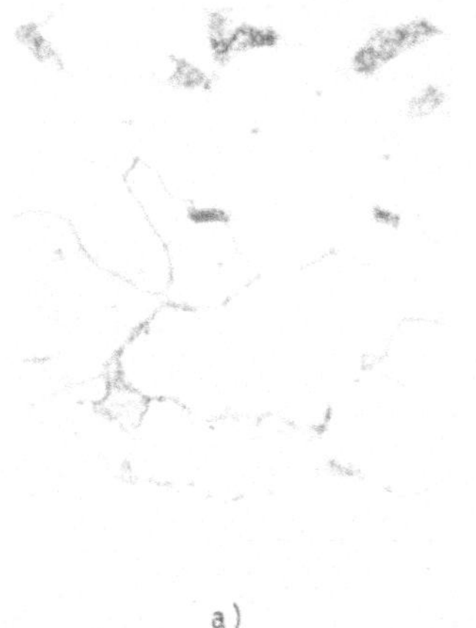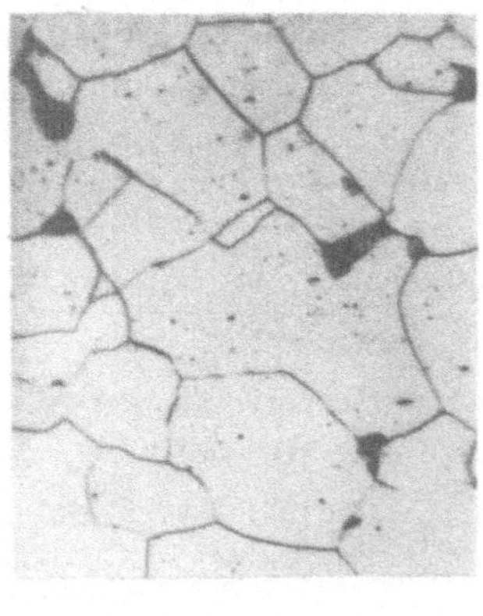

a)　　　　　　　　　　　　　　　　b)　　⊢—⊣ 10 μm

Bild 8: Gefügeaufnahmen des Versuchswerkstoffs QSt 32-3
　　　　a) GKZ-geglüht　　　b) Normalgeglüht.

teile an Phosphor und Schwefel hat und allgemein für die Kaltumformung bevorzugt werden.

In Tabelle 1 sind die Legierungsbestandteile der Versuchswerkstoffe angegeben. Bei den Werkstoffen C 15, C 45 und 16 MnCr 5 wurde wegen der geringen Anzahl geplanter Versuche auf eine Analyse verzichtet. Die mechanischen Kennwerte wurden an Proben aus der Stabmitte vor bzw. nach der Glühbehandlung aus Zugversuchen nach DIN 50125, Härtemessungen nach Vickers und im Zylinderstauchversuch [26] und dem Stauchversuch nach Rastegaev [26] gewonnen. In allen Fällen wurden die Fließkurven wegen der geringen Stößelgeschwindigkeit ohne nennenswerte Probenerwärmung, d. h. isotherm aufgenommen.

Die Entnahme kleiner Proben aus einem größeren Stab hat nach [27] bei der Ermittlung von Werkstoffkennwerten und der Aufnahme von Fließkurven sowohl im Stauch- als auch im Zugversuch keinen nennenswerten Einfluß. Die wichtigsten mechanischen Werkstoffkennwerte im Anlieferungszustand sind in Tabelle 2 zusammengefaßt.

Die Versuchswerkstoffe wurden in unterschiedlichen Gefügezuständen angeliefert. An eine gründliche Analyse des Ausgangszustandes der Werkstoffe schlossen sich Versuchsserien an, nach denen die Wärmebehandlung soweit festgelegt werden konnte, daß die Werkstoffe nach dem Glühen ein vergleichbares Gefüge hatten.

Der Werkstoff QSt 32-3 wurde für Vorversuche GKZ-geglüht. Es wurde ein grobkörniges Gefüge (ASTM-Korngröße $\leq$ 1) mit sehr geringen k_f-Werten erreicht, weil der Umformgrad des vorausgegangenen Ziehvorganges genau im Bereich des kritischen Umformgrades des Rekristallisationsschaubildes mit der damit verbundenen Grobkornbildung lag. Das grobe Korn trat allerdings an den ungebunden umgeformten Oberflächen der Bunde störend hervor. Das ansonsten unerwünschte Grobkorn erlaubte, mit geringstmöglichen Stempelkräften erste Versuche zu machen und das Werkzeug zu erproben. Der Werkstoff wurde in drei Stunden auf 680°C erwärmt und zwischen 680°C und 720°C sechs Stunden gehalten. Danach wurde im Ofen mit 15 K/h bis auf 450°C abgekühlt. Die restliche Abkühlung geschah an ruhender Luft. Bild 8a zeigt die vollständige Zementiteinformung und den bei langsamer Abkühlung nicht zu vermeidenden Korngrenzenzementit. Für vergleichende Versuche wurde im Durchmesserbereich 16 mm der QSt 32-3 im Anlieferzustand (gezogen) verwendet.

Der restliche Werkstoff (Durchmesser 16 mm) wurde durch die Wärmebehandlung dem im normalgeglühten Zustand vorliegenden Werkstoff im Durchmesserbereich 32 mm angeglichen, nachdem Versuche zur Bestimmung des maximalen Scheibendurchmessers im Stauchversuch keinen Unterschied des Formänderungsvermögens eines weichgeglühten oder feinkörnig normalgeglühten Werkstoffes ergaben.

Da Vorversuche zeigten, daß sich die Feinkörnigkeit des Gefüges direkt auf die Oberflächengüte der Flansche auswirkt, wurde eine Korngröße < ASTM 6 angestrebt.

Um ein von der Vorbehandlung völlig unabhängiges neuerzeugtes Gefüge zu erreichen, wurde QSt 32-3 nach einer Methode geglüht, die durch die Anwendung von Erkenntnissen aus [28, 29, 30] festgelegt wurde.

Hiernach soll bei 30 K bis 50 K oberhalb A_{c3} möglichst kurzzeitig geglüht werden. Bei einem Kohlenstoffgehalt von 0,05 % liegt A_{c3} bei 880°C, wodurch sich die Glühtemperatur von 910°C bis 930°C ergab. Es wurde mit ca. 70 K/min unterhalb A_{c1} erwärmt, damit A_{c3} mit mindestens 4 K/min durcheilt wird. Dies ist notwendig, um feine γ-Mischkristalle zu erreichen. Die Haltezeit betrug durchmesserabhängig bei d_0 = 16 mm ca. 25 Minuten bei 925 °C. Die Proben wurden nach der Ofenentnahme mit ca. 30 K/min bis unter den unteren Umwandlungspunkt und weiter rasch abgekühlt. Unterhalb der Rekristallisationstemperatur gibt es keine Temperaturführungsvorschriften.

Um ein gutes Formänderungsvermögen zu erreichen, soll die Ausscheidung von Tertiärzementit aus dem α-Mischkristall zu den Korngrenzen verhindert werden. Dies wird durch schnelle Abkühlung unterhalb A_1 erreicht. Der Kohlenstoff bleibt zum Teil in der Ferritmatrix gelöst, der Rest wird zu lamellarem Zementit im Ferrit (Perlit). Durch die Feinverteilung im Ferrit steigt zwar die Fließspannung; das Formänderungsvermögen wird aber erhöht, weil der spröde Korngrenzenzementit unterdrückt wird. In Bild 8 b erkennt man dichtstreifigen Perlit mit wenig Korngrenzenzementit.

Die Werkstoffe C 15, C 45 und 16 MnCr 5 wurden einheitlich bei 720°C acht Stunden lang geglüht. Das führte zu unterschiedlich starker Umwandlung (Bild 9) des lamellaren Zementit zu globularem Zementit ("körniger" Perlit). Die gute Zementiteinformung bei 16 MnCr 5 wurde durch das im Ausgangszustand stellenweise vorhandene Troostit- und Zwischenstufengefüge begünstigt. Die Kontrolle der Temperaturführung geschah mit einem Thermoelement, das im Zentrum einer Referenzprobe gleicher Abmessung angebracht wurde.

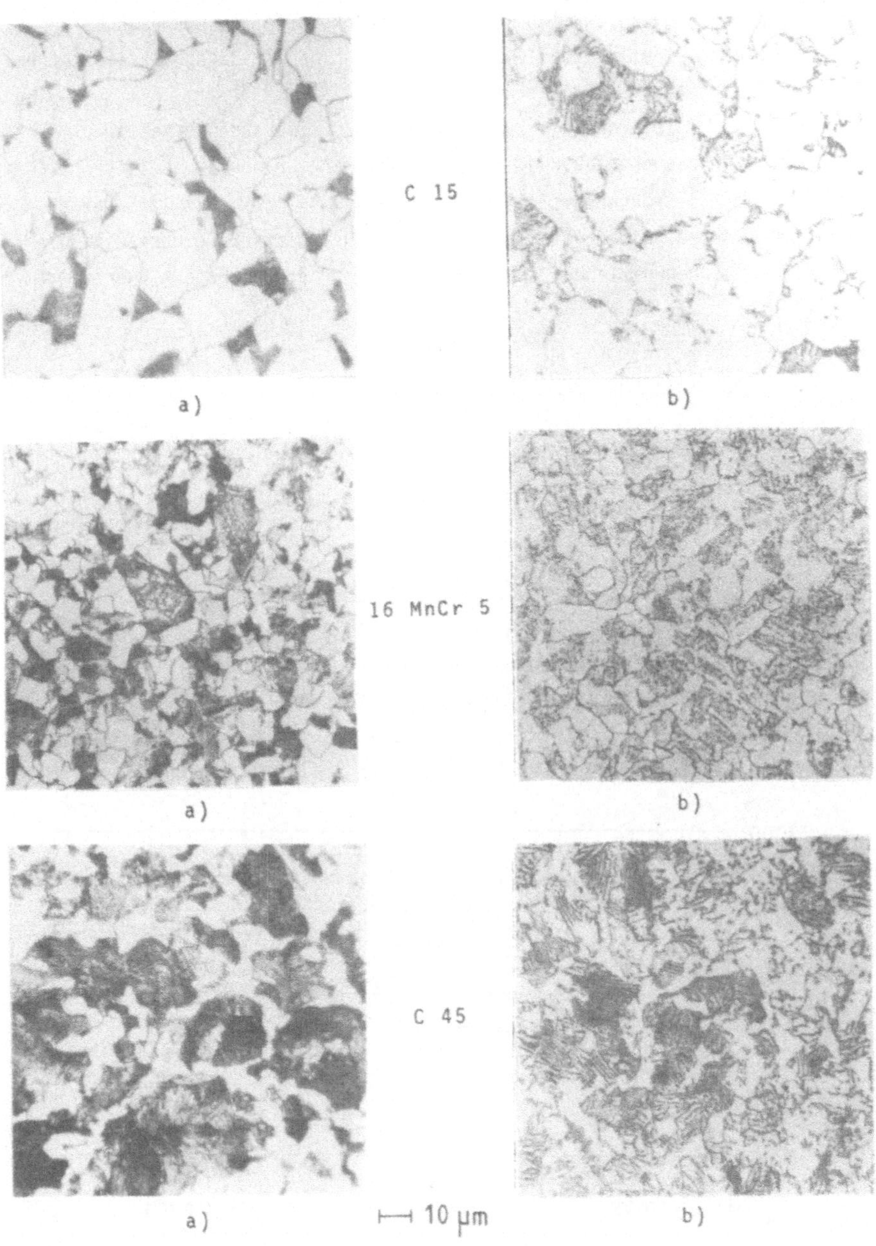

Bild 9: Gefügeaufnahmen der Versuchswerkstoffe
a) Anlieferungszustand   b) Weichgeglüht

Die mechanischen Eigenschaften für Versuchswerkstoffe vor und nach der
Wärmebehandlung sind in Tabelle 2 aufgelistet. Tabelle 3 enthält die mathe-
matische Beschreibung der Fließkurven nach dem Ludwik-Ansatz.
In Bild 10 wird die graphische Darstellung der Fließkurven gegeben.
Aus dem Stauchversuch nach Rastegaev erhielt man für normal geglühten
QSt 32-3 die Fließkurvendarstellung $k_f = 635 \cdot \varphi^{0,27}$. Wie in [26] darge-
legt wird, liefert dieser Stauchversuch aufgrund starker Reibungseinflüsse
der Schmiertaschenwulste bei sehr hohen Umformgraden zu hohe k_f-Werte.

2.1.4   Oberflächenbehandlung der Werkstücke

Die Rohteile wurden nach der mechanischen Bearbeitung auf die vorgeschrie-
benen Abmessungen oberflächengestrahlt, bei 80°C entfettet, gebeizt und
zinkphosphatiert (Phosphavit 911, Firma Zwez). Durch Beachtung der Anwen-
dungsvorschriften war gewährleistet, daß sich eine ca. 10µm dicke kristal-
line, mit dem Trägerwerkstoff verbundene Zinkphosphatschicht bildet. Danach wurden die Teile mit Phosphavit Z-1A (Firma Zwez) beseift. Durch die
Temperaturführung des Bades wurde eine dünne Seifenschicht erreicht, damit die Werkzeuge nicht mit Seifenresten verkrusten.
Für einige vergleichende Versuche wurden die Werkstücke nach dem Oberflä-
chenstrahlen lediglich mit Gleitlack Molykote 321 R eingesprüht. Die Reib-

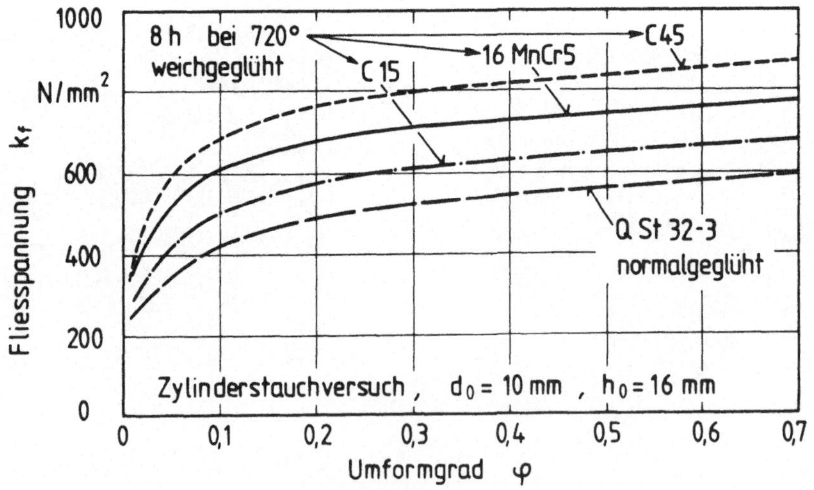

Bild 10: Fließkurven der Versuchswerkstoffe.

zahl kann für phosphatierte und beseifte Werkstücke nach Untersuchungen
von Geiger [17] und Binder [31] mit μ = 0,08 bis 0,12 angenommen werden.

2.1.5 Werkstückabmessungen

Die Absicherung der Versuchsergebnisse und die Vielzahl der notwendigen
Werkstücke für die Auswertungen bedingten pro Versuchspunkt zehn und mehr
Werkstücke, so daß insgesamt ca. 2.000 Rohteile hergestellt werden mußten.
Die Auswahl der Rohteildurchmesser war deshalb von zwei Forderungen bestimmt.
Zum einen mußten die Durchmesser der Schäfte groß genug sein, um die Norm-
prüfkörper aus den Teilen herstellen zu können, und sie mußten eine ausreichende Querschnittsfläche für Härtemessungen aufweisen.
Zum anderen sollte der Zerspanungsaufwand für die Probenherstellung so gering wie möglich sein. Da die Stäbe handelsüblich mit der Walzhaut gelie-
fert wurden, mußte diese zumindest mit Sicherheit entfernt werden, um einen möglichen Störeinfluß auszuschalten. Die geringe Abnahmemenge schränk-
te die Durchmesserauswahl stark ein.

Die Durchmesser d_0 = 16 mm und d_0 = 32 mm wurden normzahlgerecht nach DIN 323
Reihe R_a 20/3 festgelegt. Die Verdoppelung des Druchmessers erleichtert
einen schnellen Vergleich der Umformkräfte und anderer Größen.
Die Rohteile wurden nach der Wärmebehandlung auf Sollmaße (d_0 $\pm$ 0,05 mm,
l_0 $\pm$ 0,1 mm) gedreht.

Die Rohteillänge war als Folge der Spalthöhe h_0 = s + 2 $\cdot$ l_2 + r_1 + r_2 (Bezeichnungen siehe Bild 2). Das Maß l_2 + r_i betrug, sofern nicht anders ver-
merkt, immer 40 mm.

2.1.6 Versuchsprogramm

Bild 11 gibt eine Übersicht über die Versuchsparameterkombinationen, bei
denen jeweils zwanzig Werkstücke gepreßt wurden. Die Teile wurden benötigt
für:
- Kraft-Weg-Verlauf
- Geometrische Eigenschaften
- Mechanische Eigenschaften
- Wiederholbarkeit
- Formänderungsverteilung

Versuchs-plan		Vollkörper											
		Variante I				Variante II				Variante III			
d_0	s \ r	0,5	1	2,5	5	0,5	1	2,5	5	0,5	1	2,5	5
32	4		○		○				○		○		○
	8		○		○		○		○		○	○	○
	12		○		○		○		○		○		○
	16		○		○		○		○		○	○	○
	24		○		○		○				○		○
	32		○		○		○				○		○
	48		○		○		○				○		○
16	4	○		○		○		○		○		●	
	8	○	□	○	□	○	□	○		○ △	□ △ ○	△ ●	□ △ ○
	12	○	□	○	□	○	□	○	□	○	□	○	□ ○
	16	○	□		□	○	□	○	□	○	□	○	□
	24	○	□		□		□		□	○	□	○	□
	32		□		□		□			○	□	○	

Zeichenerklärung :

○ 0 St 32-3

□ Q St 32-3 GKZ-geglüht, Grobkorn
△ Q St 32-3 vorgezogen
● zusätzl. C15, C 45, 16 MnCr5

(alle Maße in Millimeter)

Bild 11: Übersicht der wichtigsten Punkte im Versuchsplan.

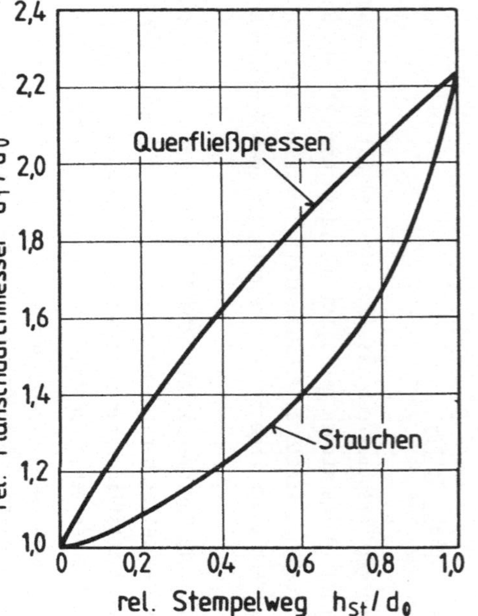

Bild 12: Vergleich der Flanschdurchmesserzunahme beim Stauchen und Querfließpressen.

Bei diesen Parameterkombinationen wurden gleichgroße Auslaufradien verwendet. In wenigen Versuchen wurden ergänzend ungleich große Radien kombiniert. Je Versuchspunkt wurden mit feingestuften Stößelwegen die Versagensfälle zur Ableitung der Verfahrensgrenzen ermittelt.

Die Versuche wurden mit GKZ-geglühtem Werkstoff QSt 32-3 im Durchmesserbereich 16 mm begonnen. Unter Ausnutzung dieser ersten Erkenntnisse wurde das endgültige Programm festgelegt und die Versuche mit normalgeglühtem QSt 32-3 fortgesetzt. Bei Variante III wurde für d_0 = 16 mm und Spalthöhen s = 4 mm und 8 mm der Werkstoff variiert. Der Werkstoff in gezogenem Zustand wurde mitberücksichtigt, um durch Verfestigung vor allem der Randschichten des Rohteils das QFP auf vollautomatisierten Mehrstufenmaschinen mit vorgeschaltetem Ziehen zu simulieren. Die Auswirkungen auf die Verfahrensgrenzen sollten festgestellt werden.

Die Radien wurden so festgelegt, daß der relative Auslaufradius r/d_0 bei d_0 = 16 mm und 32 mm gleichgroß war.

2.2   Versuchsergebnisse

2.2.1   Kraft-Weg-Verlauf

Die Stempelkräfte F_{St} wurden über Kraftmeßdosen ermittelt, die im Kraftfluß zwischen Stempel und ihrer Abstützung in der Grundplatte des Werkzeuges angeordnet sind. Es wurde zur Kontrolle der Kräfte bei Variante III am oberen und unteren Stempel gemessen, um Ungleichmäßigkeiten durch Reibungseinflüsse zwischen Werkzeugober- und -unterteil aufzudecken. Bei Variante II wurden auf der Seite des festen Gegenstempels relativ kleine Kräfte gemessen, die aus der Stempelbelastung beim Ausfüllen der Matrizenbohrung zu Beginn des Umformvorgangs resultierten. Sie wurden im weiteren Verlauf der Versuche nicht mehr gemessen.

Die Kraftmeßglieder waren für den zu erwartenden Kraftbereich speziell ausgelegt und genau kalibriert. Der Stößelweg wurde über induktive Weggeber gemessen, die mit Endmaßen kalibriert wurden. Die verstärkten Meßsignale wurden direkt als Kraft-Weg-Verlauf auf einem X- Y-Schreiber aufgezeichnet. Durch geeignete Wahl der Maßstabsgröße (maximal DIN A 3) wurde eine hohe Auflösungsgenauigkeit erreicht, und das Ergebnis konnte sofort beurteilt werden. Die Stößelgeschwindigkeit war noch zulässig im Verhältnis zur verzerrungsfreien Folgegeschwindigkeit des Schreibers.

Die Kraft-Weg-Aufzeichnung hatte einen Verlauf ähnlich dem von Fließkurven im linear geteilten k_f-φ-Diagramm. Nach einem steilen Kraftanstieg, welcher aus der Überwindung elastischer Formänderungen und einer radialen Stauchung des Werkstücks, mit der das Einlegespiel zwischen Rohteil und Matrize ausgeglichen wird, herrührt, stiegen die Stempelkräfte stetig mit degressiver Tendenz bis zum Vorgangsende.

Die Wiederholgenauigkeit des Kraft-Weg-Verlaufes ist gut. Bei Serienversuchen mit 25 gleichen Arbeitsvorgängen streuten die Kräfte durchschnittlich bei Variante I $\pm$ 1,5 %, Variante II $\pm$ 1 % und Variante III $\pm$ 2,5 %.

In Bild 12 wird im Vergleich zum Stauchen gezeigt, daß der Flanschdurchmesser beim QFP nahezu linear mit dem Stempelweg zunimmt, wenn ausgehend von einem Rohteil identischer Abmessung eine Scheibe gleicher Höhe erzeugt wird. Der Stauchvorgang dagegen ist durch eine rapide Zunahme des Werkstückdurchmessers gekennzeichnet, die den bekannten Steilanstieg der Stempelkraft verursacht.

2.2.1.1 Verfahrenseinfluß

Der für die Varianten I, II und III unterschiedliche Kraft-Weg-Verlauf ist in Bild 13 dargestellt. Der wesentlich geringere Kraftbedarf bei Variante I fällt auf. Die Erklärung liegt in den verschiedenen Reibbedingungen. Bei Variante I tritt Gleitreibung mit $0,08 < \mu < 0,12$ entlang der ebenen Gegenplatte auf; gegen Vorgangsende vergrößert sich die ebene Auflagefläche des Werkstückes nicht wesentlich, weil der Flanschrand sich von der Platte wegwölbt (siehe Kapitel 2.2.6).
Bei Variante II und III verfestigt der Werkstoff im Bundinnern stärker als bei Variante I. Dies bedingt einen gegenüber Variante I deutlich erhöhten Kraftbedarf (Bild 13 und 14), damit der Werkstoff ausgepreßt werden kann. Variante III benötigt wegen des symmetrischen Werkstoffflusses geringere Umformkräfte als Variante II. Bei kleinen Auslaufradien, die den Stofffluß erschweren, verringert sich der Unterschied zwischen Variante II und III.

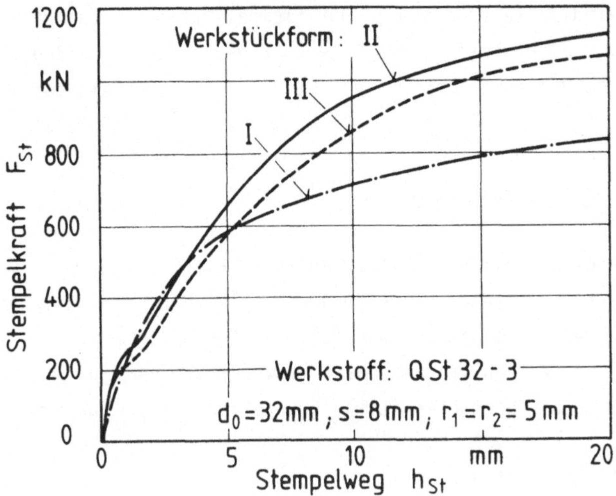

Bild 13: Einfluß der Verfahrensvariante auf die Stempelkräfte beim
Querfließpressen mit großen Auslaufradien.

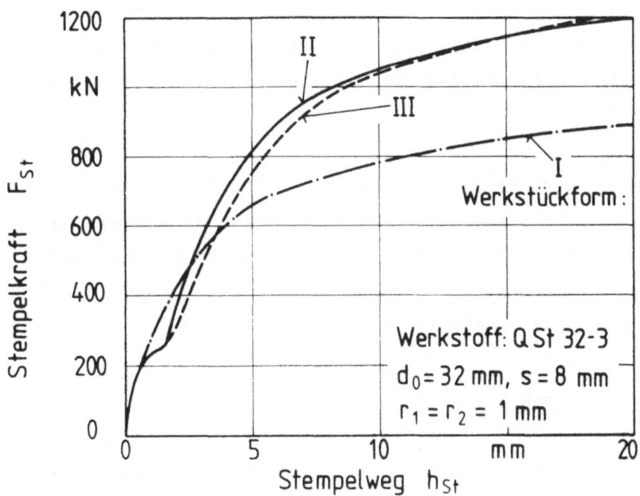

Bild 14: Einfluß der Verfahrensvariante auf die Stempelkräfte beim
Querfließpressen mit kleinen Auslaufradien.

Der in [2] ermittelte Unterschied der Stempelkräfte von ca. 20 % zwischen
Variante I und II erscheint nach eigenen Ergebnissen zu gering.
Die Kräfte bei Variante II wurden ca. 30 % bis 40 % höher als bei Variante I
ermittelt.

2.2.1.2 Rohteilabmessungen

Der Einfluß des Rohteildurchmessers auf den Kraftbedarf wird anhand Bild 15
kurz erläutert. Um einen aussagefähigen Vergleich zu erhalten, müssen die
Werkzeug- und Werkstückabmessungen relativ zu den Rohteildurchmessern betrachtet werden. Werden vergleichbare Werkstückabmessungen (d_1/d_0) erreicht, stimmen die bezogenen Stempelkräfte tendenziell überein.

2.2.1.3 Auslaufradien

Der Auslaufradius r ist neben der Spalthöhe die wichtigste Einflußgröße
auf den Kraftbedarf, den Werkstofffluß und, wie in Kapitel 2.2.4 noch gezeigt wird, auf die Verfahrensgrenzen.
Bei allen Varianten ergab sich aus den Versuchen eindeutig, daß die Stempelkräfte mit zunehmenden Fließradien kleiner werden. Bild 16 gibt diesen
Sachverhalt in ausgeprägter Weise wieder. Auch mit abnehmenden relativen
Spalthöhen ändert sich diese Tendenz nicht, der Grad der Auswirkung auf
die Kräfte jedoch schwankt zwischen wenigen % bei Variante II und ca. 20 %
bei Variante III.

Die in [2] aus einem Ansatz für eine Obere-Schranken-Lösung gewonnene Aussage, daß es zu jeder relativen Spalthöhe einen optimalen Auslaufradius
gibt, der den Kraftbedarf minimiert, konnte nicht bestätigt werden.
Aus allen Experimenten geht eindeutig hervor, daß die größtmöglichen Radien die kleinsten Stempelkräfte ergaben.

2.2.1.4 Flanschhöhe

Es war zu erwarten, daß der Kraftbedarf beim QFP von Werkstücken mit dicke-
rem Flansch geringer sein wird gegenüber denen mit dünnen Flanschen. Mit
zunehmend größerer Düsenöffnung, hier Ringspalt, wird der Werkstofffluß
erleichtert.

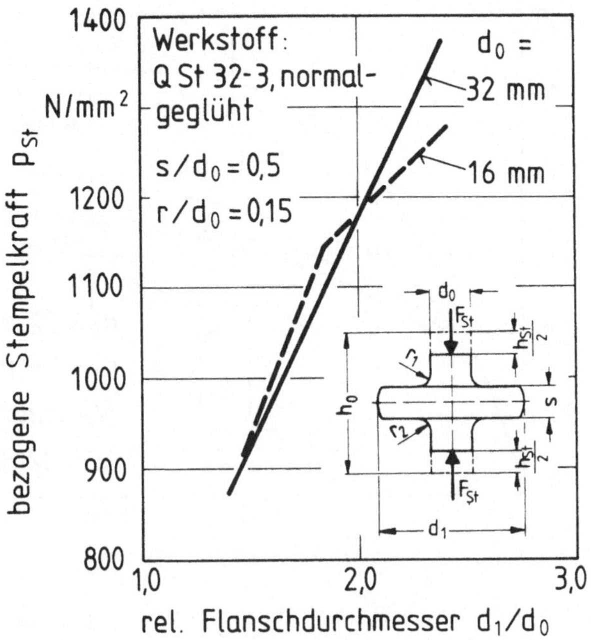

bezogene Stempelkraft p_{St}

rel. Flanschdurchmesser d_1/d_0

Bild 15: Einfluß des absoluten Rohteildurchmessers auf die Stempelkräfte beim Querfließpressen nach Variante III.

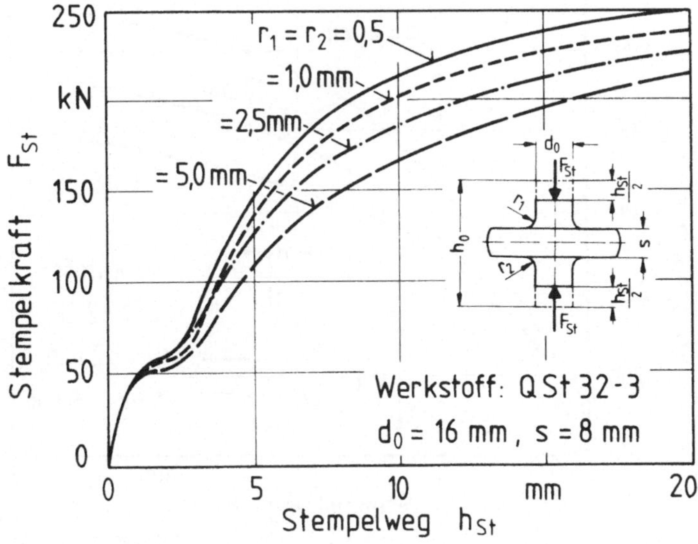

Stempelkraft F_{St}

Stempelweg h_{St}

Bild 16: Einfluß der Auslaufradien auf die Stempelkräfte bei Variante III.

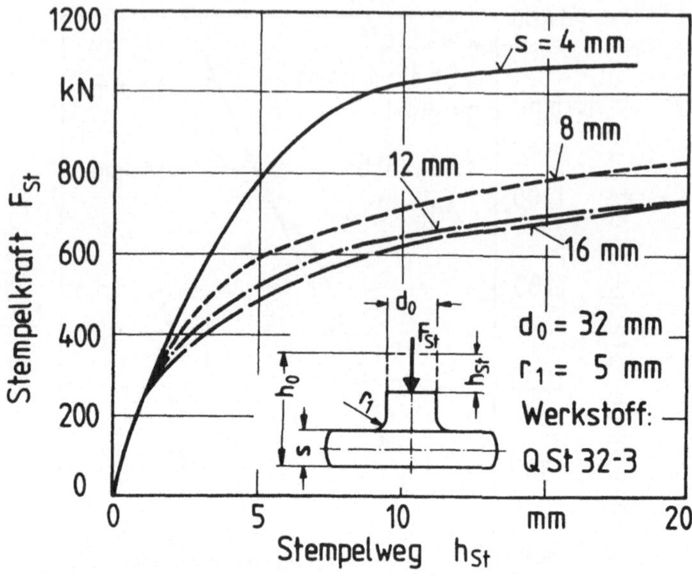

Bild 17: Einfluß der Flanschhöhe auf die Stempelkraft beim Querfließpressen nach Variante I.

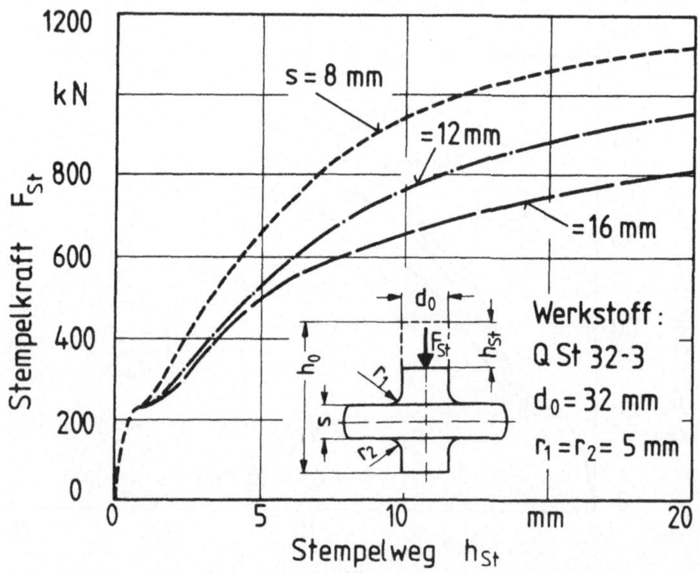

Bild 18: Einfluß der Flanschhöhe auf die Stempelkraft beim Querfließpressen nach Variante II.

In den Bildern 17, 18 und 19 sind die Kraft-Weg-Verläufe für die Varianten I, II und III mit ihrem charakteristischen Verlauf für gleiche Werkzeugparameter dargestellt.

Bei Variante I war es noch möglich, einen Flansch mit $s/d_0 = 0,125$ zu pressen, bei Variante II und III wurde die Werkzeugbelastung zu hoch, so daß die einfach armierten Schrumpfverbände rissen.

Es wird deutlich, daß die Stempelkräfte bei Variante II und III bei Verkleinerung der Flanschhöhe stärker zunehmen als bei Variante I. Dies wird

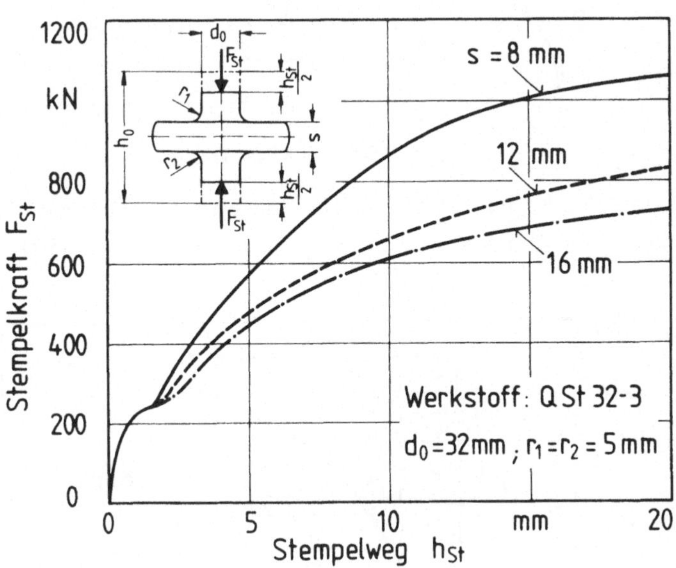

Bild 19: Einfluß der Flanschhöhe auf die Stempelkraft beim Querfließpressen nach Variante III.

noch besonders betont, wenn man den Vergleich für $d_0 = 16$ mm in Bild 20 und 21 betrachtet. Die bezogenen Stempelkräfte bei Variante III (Bild 22) liegen bei einer Flanschdicke von $s/d_0 = 0,25$ bereits im Grenzbereich der ertragbaren Belastung einfach armierter Schrumpfverbände, wenn die bezogenen Stempelkräfte p_{St} dem in der Matrizenbohrung herrschenden radialen Innendruck p_i gleichgesetzt werden.

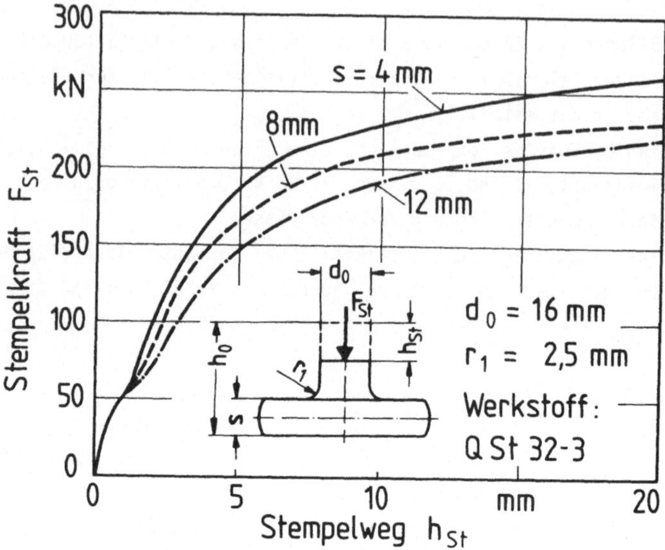

Bild 20: Einfluß der Flanschhöhe auf die Stempelkraft beim Querfließpressen nach Variante I und Rohteildurchmesser d_0 = 16 mm.

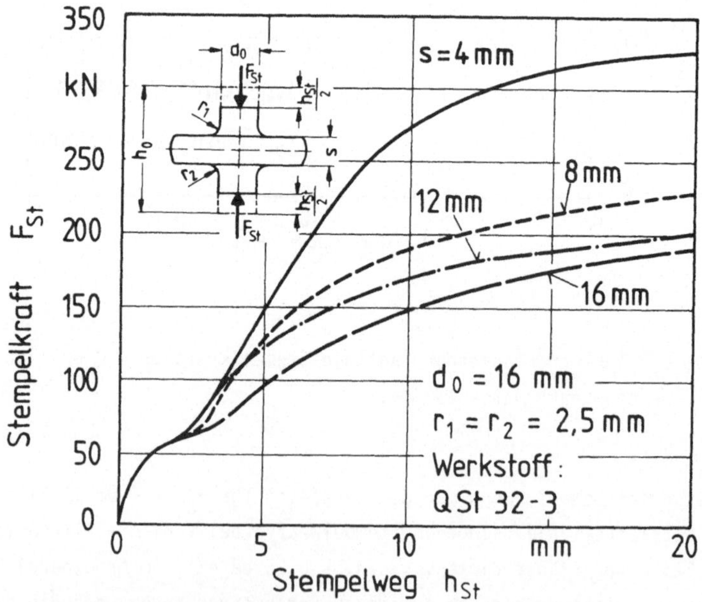

Bild 21: Einfluß der Flanschhöhe auf die Stempelkraft beim Querfließpressen nach Variante III und Rohteildurchmesser d_0 = 16 mm.

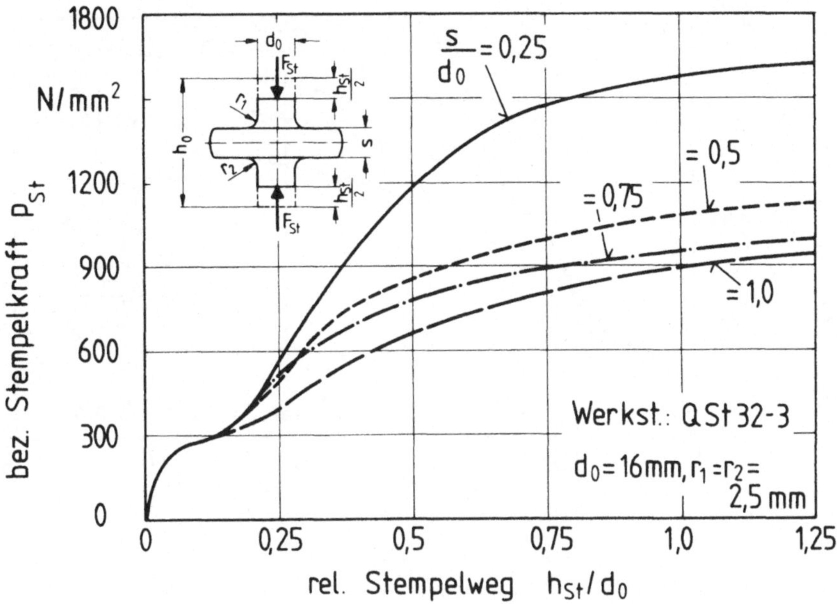

Bild 22: Einfluß der Flanschhöhe auf die bezogene Stempelkraft beim
Querfließpressen nach Variante III und Rohteildurchmesser
d_0 = 16 mm.

2.2.1.5   Werkstoff- und Gefügeeinfluß

Trägt man in Bild 23 die bezogenen Stempelkräfte über dem relativen Stempelweg für die verschiedenen Werkstoffe auf, dann erkennt man, daß die
Stempelkräfte ähnlich abgestuft verlaufen wie die Fließkurven dieser Werkstoffe in Bild 10.

Die direkte Abhängigkeit der bezogenen Stempelkräfte p_{St} von der Fließspannung k_f kann noch deutlicher dargestellt werden, wenn man $p_{St}/k_{f0,7}$
als dimensionslose Größe auf der Ordinate aufträgt (Bild 24). $k_{f0,7}$ ist
die Fließspannung des betreffenden Werkstoffes für φ = 0,7 aus der Fließkurve des Zylinderstauchversuches. Die Werte liegen nun in einem sehr
schmalen Band, dessen Streuung durch Fehlerfortpflanzung bei der Auswertung und versuchsbedingte Ungenauigkeiten verursacht wird. Die Linie für
den Werkstoff C 45 ist durch einen am Werkstückflansch auftretenden Versagensfall beendet.

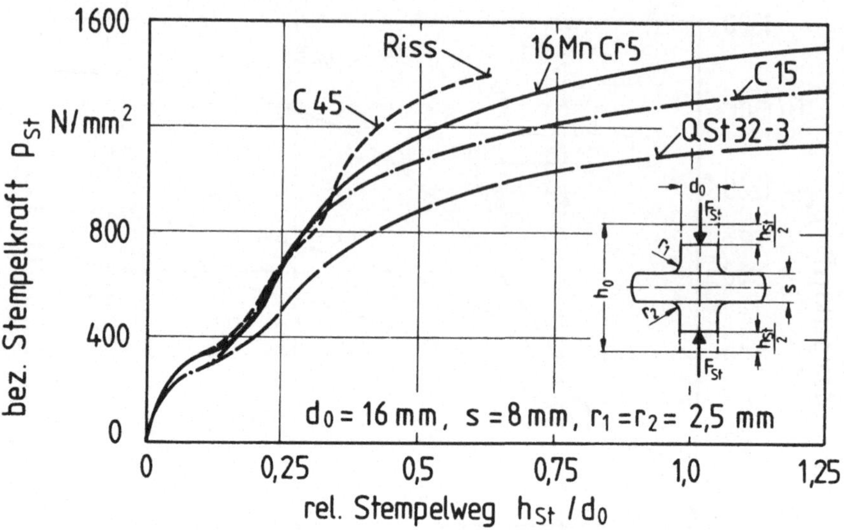

Bild 23: Stempelkräfte beim Querfließpressen unterschiedlicher Werkstoffe bei Variante III.

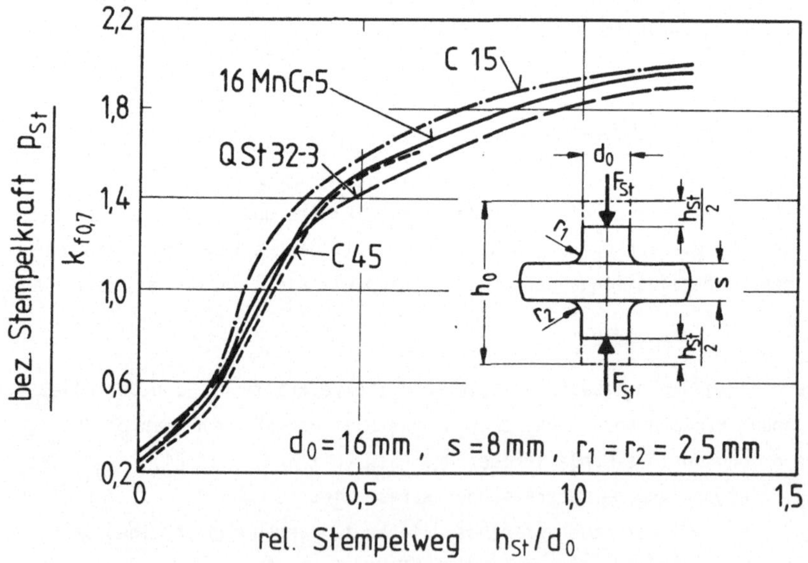

Bild 24: Vergleich der bezogenen Stempelkräfte unterschiedlicher Werkstoffe, bezogen auf $K_{f0,7}$ der einzelnen Werkstoffe bei Variante III.

2.2.1.6   Reibungseinfluß

Reibung tritt beim QFP maßgeblich im Bereich der zylindrischen Matrizenbohrung auf. Es war erwartet worden, daß eine kürzere Reiblänge in der Matrize zu Beginn des Umformvorganges bereits zu einem geringeren Kraftbedarf führt, weil dann noch die gesamte Länge des Werkstücks Kontakt mit
der Matrizenwand hat.

Die bezogenen Stempelkräfte in Bild 25 zeigen deutlich, daß der Reibungs-
unterschied erst gegen Ende des Umformvorganges ins Gewicht fällt. Dies
läßt den Schluß zu, daß die gegen Vorgangsende wachsenden Radialspannungen
σ_r als Normalkräfte auf die Matrizenwand wirken und ebenso wie die ideelle
Umformkraft erst mit zunehmendem Stempelweg signifikante Werte annehmen.
Die hier gefundenen Reibungsunterschiede liegen in vergleichbarer Größenordnung mit experimentellen Ergebnissen in [2].

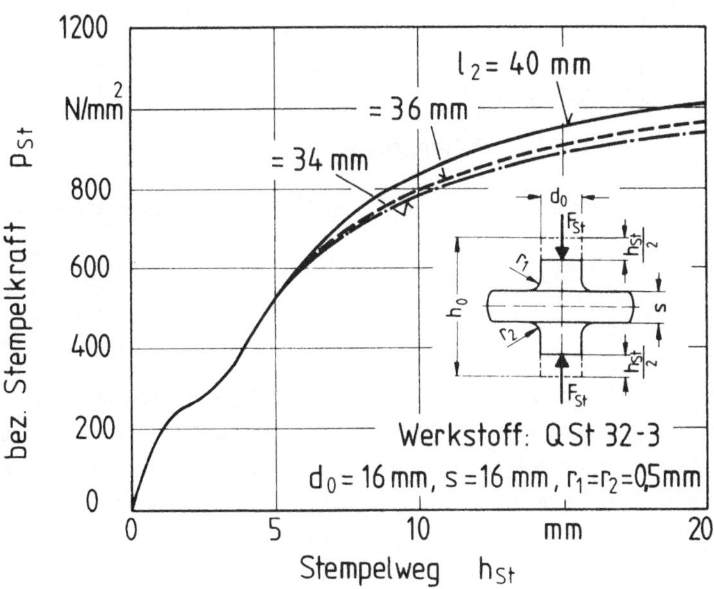

Bild 25: Stempelkräfte bei unterschiedlichen Reiblängen l_2 in der
Matrizenbohrung bei Variante III.

Eine weitere Bestätigung, daß die Reibungsunterschiede zu Beginn des Umformvorganges vernachlässigbar sind, liefert Bild 26. Die Werte stammen
aus Vergleichen mit phosphatierter und beseifter Oberfläche (siehe Kapitel
2.1.4) und einem aufgesprühten Gleitlack auf Molybdändisulfidbasis (Molykote von Dow Corning), der eine nachweislich höhere Reibzahl bewirkt.

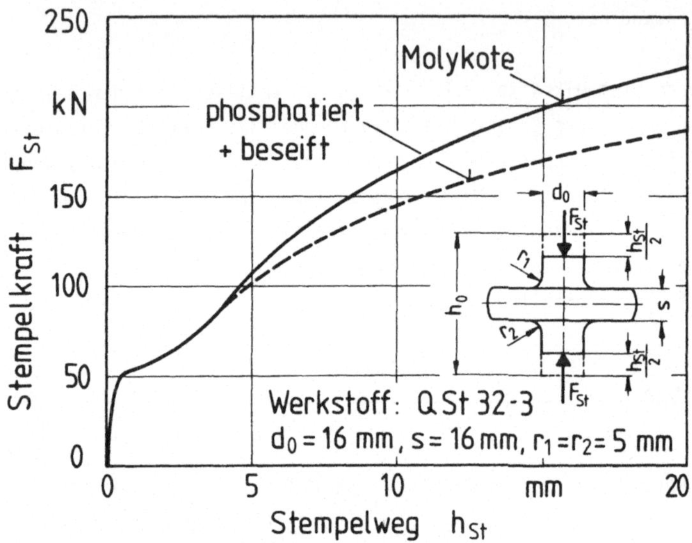

Bild 26: Stempelkraftunterschiede bei verschiedenen Schmierstoffen bei
Variante III.

2.2.1.7   Stößelgeschwindigkeit

Wie in Kapitel 2.1.1 bereits erwähnt, wurde die Stößelgeschwindigkeit innerhalb des Versuchsprogramms nicht variiert. Wie Geiger [17] in umfang-
reichen Versuchen feststellte, wird aus dem Ringstauchversuch eine Abhängigkeit der Reibzahl von der Stößelgeschwindigkeit festgestellt. Allerdings wird allgemein anerkannt, daß sich die Reibungsverhältnisse beim
Ringstauchen nicht vollständig auf andere Umformvorgänge übertragen lassen.
Geiger stellte nur einen geringen Unterschied des Verhaltens von QSt 32-3
beim Umformen auf einer hydraulischen oder mechanischen Presse fest. Man
muß berücksichtigen, daß die Stößelgeschwindigkeit einer Kurbelpresse von
der Auftreffgeschwindigkeit schnell auf 0 im unteren Umkehrpunkt absinkt
und somit nur in einem Teilabschnitt des Umformvorgangs eine höhere Geschwindigkeit hat.

Beim QFP ist aber die Stößelgeschwindigkeit gerade gegen Vorgangsende von
Bedeutung, wenn sich der Bunddurchmesser der Verfahrensgrenze nähert. Bedingt durch die Kinematik des Kurbelgetriebes ist die Stößelgeschwindigkeit im interessantesten Umformabschnitt geringer als bei der zur Verfügung stehenden hydraulischen Presse. Hendry [2] stellte beim QFP eines
Bundes entsprechend Variante II bei einer Steigerung der Stößelgeschwindigkeit von 2,16 mm/s auf 33,3 mm/s eine Erhöhung der Stempelkraft von 5 %
fest.
Es ist also zulässig, die auf der hydraulischen Presse gewonnenen Versuchsergebnisse auf andere Stößelgeschwindigkeiten zu übertragen.

2.2.2 Werkstofffluß

2.2.2.1 Sichtbarmachung durch Ätzen von Schliffen

Es ist eine bewährte Methode, den Stofffluß in einem umgeformten Werkstück sichtbar zu machen, indem man in einer Schnittebene durch ein geeignetes Ätzverfahren den Faserverlauf sichtbar macht.
An dem kohlenstoffarmen Stahl QSt 32-3 führte die Fry'sche Ätzung zur Darstellung von Fließlinien zu keinem Erfolg. Deshalb wurde eine Kornflächen-
ätzung angewandt. Die Deformationen der Gefügekörner sind nun ein Maß für
den Werkstofffluß zum betrachteten Zeitpunkt. Durch Aufteilung in diskrete
Schritte konnte der Werkstofffluß in feingestuften Abschnitten untersucht
werden.

2.2.2.2 Verfahrenseinfluß

Anhand eines Schliffbildes je Variante soll der grundsätzlich unterschiedliche Stofffluß besprochen werden. Die Werkzeugabmessungen und der Stempelweg sind in allen Fällen gleich. Es sind in den Bildern Härtemeßeindrücke als dunkle Punkte sichtbar. Variante I (Bild 27) ist gekennzeichnet
durch einen ausgeprägt axialen Fluß im Bereich der Werkstücklängsachse,
der im unteren Drittel zu einer Stauchung des Werkstoffs führt. Aus diesem
Bereich fließt der Werkstoff seitlich unter ca. 45° nach oben gerichtet
in den Ringspalt während gleichzeitig der Werkstoff im unteren Drittel entlang der ebenen Werkzeugoberfläche seitlich wegfließt.

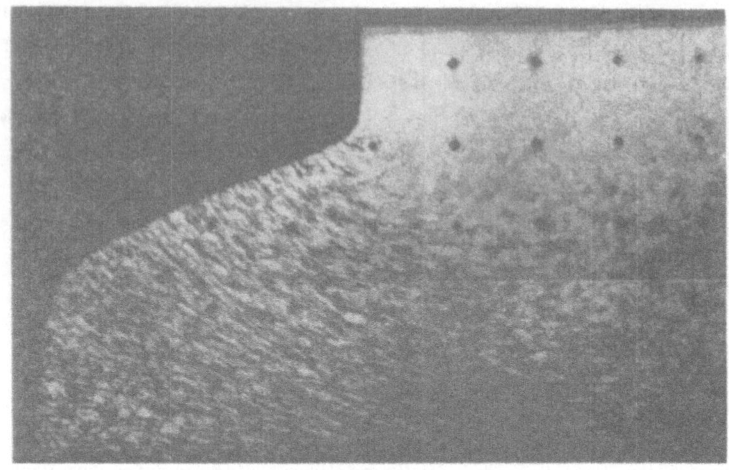

Bild 27: Werkstofffluß bei Variante I ⊢——⊣ 1mm

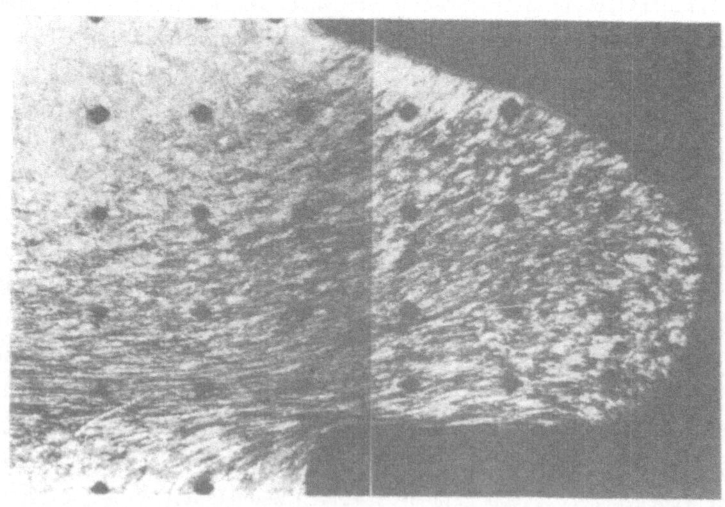

Bild 28: Werkstofffluß bei Variante II ⊢——⊣ 1mm

Variante II (Bild 28) zeigt einen ähnlichen Stofffluß im Bereich unterhalb
des Stempels mit einer Fließscheide etwas oberhalb der unbewegten Matri-
zenstirnfläche (rechts unten im Bild). Da durch die Reibkräfte an der Bund-
auflagefläche der Stofffluß behindert wird, fließt der Werkstoff in größerem axialen Abstand verstärkt radial und bewirkt die Voreilung des Bund-
randes ungefähr in Bundmitte. Der geringe Werkstofffluß vom festen Zapfen-
ende in den Bund hinein wurde durch elastische Abmessungsänderungen am
Werkzeug auf der Gegenstempelseite und den Ausgleich des Einlegespiels
zwischen Rohteil und Matrizenwand verursacht.

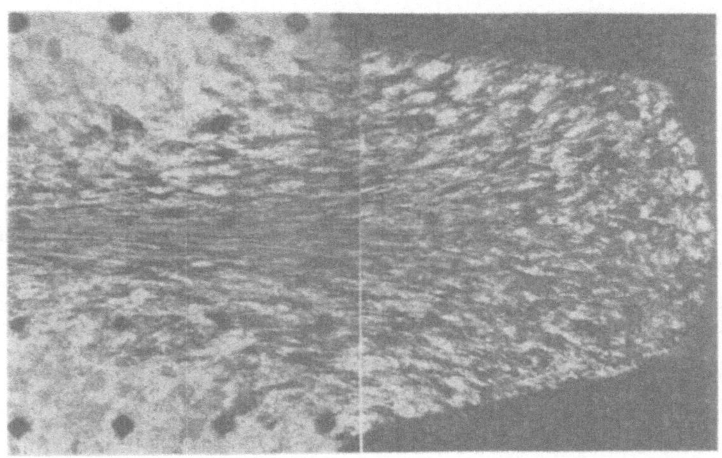

Bild 29: Werkstofffluß bei Variante III   ⊢——⊣ 1mm

Variante III (Bild 29) weist den durch synchrone Stempelbewegung erwarteten zur Bundmittelebene symmetrischen Stofffluß auf. Es ist deutlich zu
erkennen, daß der Werkstoff aus dem zylindrischen Bereich der Matrize entlang den Auslaufradien in den Bundbereich fließt. Auch hier hat die Zone
stärkster axialer Formänderung nur eine geringe Höhenausdehnung. Im Gegensatz zu Variante I und II sind die Außenschichten im Bundbereich bei Variante III nicht durch den bis an die Oberfläche dringenden Stofffluß gekennzeichnet.

2.2.2.3 Auslaufradien

Bei Variante I führen kleine Auslaufradien zu einem bevorzugt axialen Stofffluß unter dem Stempel mit radialem Abfließen in den Werkzeugspalt ent-
lang der ebenen Werkzeugoberfläche. Dadurch ist der Flanschdurchmesser an
der Werkzeugoberfläche am größten. Dieser Voreileffekt wird durch kleinere
Radien und kleinere Spalthöhen soweit verstärkt, daß der Flansch unter der
Wirkung der herrschenden tangentialen Zugspannung von der ebenen Werkzeugoberfläche abhebt. Große Radien führen zu einer Flanschgeometrie wie in
Bild 28 bei Variante II.
Kleine Radien bewirken bei Variante II einen ausgeprägten axialen Fluß in
Richtung zum festen Gegenstempel. Das hat zur Folge, daß der Werkstoff
dann mit großer radialer Komponente entlang der unteren Werkzeugbahn fließt
und die Bunddeckflächen einen größeren Neigungswinkel als bei großen Auslaufradien haben.
Eine umgekehrte Wirkung haben die Auslaufradien bei Variante III. Große
Radien bewirken eine Zunahme der Neigung der Bunddeckflächen. Durch die
größeren Radien wird schon frühzeitig ein radiales Fließen ermöglicht. Zusammen mit der axialen Komponente der Stempelbewegung ergibt dies eine
resultierende Bewegung zur Mittelebene hin. Dies führt zu einer deutlichen
Beschleunigung des radialen Stoffflusses in der Symmetrieebene, wodurch
die Deckflächen beeinflußt werden.
Sind die Auslaufradien ungleich groß, dann überwiegt der Werkstofffluß
der Seite mit größerem Radius. Durch diese einseitige Komponente nimmt der
Winkel der Bunddeckflächen gegenüber beidseitig gleichgroßen Radien auf
der Seite des größeren Radius zu.

2.2.2.4 Flanschhöhe

Kleine Flanschhöhen ($s/d_0 < 0,25$) führen bei Variante I in Verbindung mit
kleinen Auslaufradien ($r/d_0 \approx 0,125$) zum Abheben des Flansches von der
ebenen Werkzeugseite (siehe Kapitel 2.2.6 - Geometrische Eigenschaften).
Außerdem bildet sich der Flanschwulst mit großen Unterschieden in den
Krümmungsradien aus, wie in Bild 27 zu sehen ist. Zunehmende Flanschhöhen
vergrößern bei allen drei Varianten die Neigung der Bunddeckflächen.
Bei Variante II führt dies auf der Seite des festen Gegenstempels zu einer
ebenen Unterseite, die fast bis an den Bundrand reicht.

Bei Variante III erzeugen kleine Werkzeugspalte einen unregelmäßigen Werkstofffluß in den Flansch; dies führt in Verbindung mit kleinen Auslaufradien zu Verwölbungen der Flanschdeckflächen.

2.2.2.5 Werkstoff- und Gefügeeinfluß

Ein Einfluß des Werkstoff- oder Gefügezustandes auf den Stofffluß konnte
nicht festgestellt werden. Die k_f-Werte wirken sich auf die Stempelkräfte
aus, der Gefügezustand auf die Härtewerte und die Oberflächenfeingestalt.

2.2.2.6 Rohteilabmessungen

Der Rohteildurchmesser hat einen experimentell festgestellten Einfluß auf
den Stofffluß. Bei gleichen relativen Auslaufradien und relativen Flanschhöhen nahm bei Variante I der Neigungswinkel der Flanschdeckflächen auf
der Seite des bewegten Stempels ab, wenn der Rohteildurchmesser zunahm.
Der umgekehrte Effekt wurde bei Variante II und III beobachtet.

2.2.3 Versagensfälle

Die Analyse eines Verfahrens bedingt auch die Erfassung der möglichen Versagensfälle, die im Zusammenhang mit den Verfahrensgrenzen den Anwendungsbereich festlegen.
In den folgenden Abschnitten wird anhand von Beispielen der Variante III
eine Reihe von Versagensfällen dargestellt, die bei Variante I und II in
ähnlicher Form festgestellt wurden.

2.2.3.1 Ringfalte am Flansch

Beim QFP der Variante III wird das Rohteil im Werkzeug in der Matrizenbohrung ober- und unterhalb des Werkzeugspaltes geführt. Übersteigt die
ungestützte Rohteillänge im Spalt einen Grenzwert s/d_0, dann entsteht eine
sogenannte Ringfalte (Bild 30) oder doppelte Ausbauchung am Werkstück.
Die Ringfalte bleibt während des Umformvorganges erhalten und knickt oft
einseitig aus (Bild 30, rechts). Bei den Versuchen wurde festgestellt, daß
die Ringfaltenbildung von der Größe der Auslaufradien und des absoluten
Rohteildurchmessers abhing. Bei gleichen relativen Auslaufradien waren bei
kleineren Durchmessern größere relative Spalthöhen s/d_0 ohne Ringfalten-

bildung möglich. Große Radien verzögerten die Entstehung einer Ringfalte durch die Stützwirkung zu Beginn des Querfließpreßvorganges gegen frühzeitiges radiales Ausbauchen.

Aus den Experimenten ergab sich ein Bereich für die Ringfaltenbildung von $1{,}4 < s/d_0 < 1{,}7$, der in die Schaubilder für Verfahrensgrenzen eingearbeitet wurde. Die Ringfalte weist eine Ähnlichkeit zum Ausbauchen beim Stauchen zylindrischer Rohteile auf. In [32] wird beim Stauchen ab $s/d_0 \approx 1{,}7$ und in [33] ab $s/d_0 \approx 1{,}4$ eine Ausbauchung beobachtet. Analytische Modelle für diesen Vorgang sind nicht bekannt; es wird dies mit dem möglichen Auftreten starrer und plastischer Zonen in der Umformzone begründet.

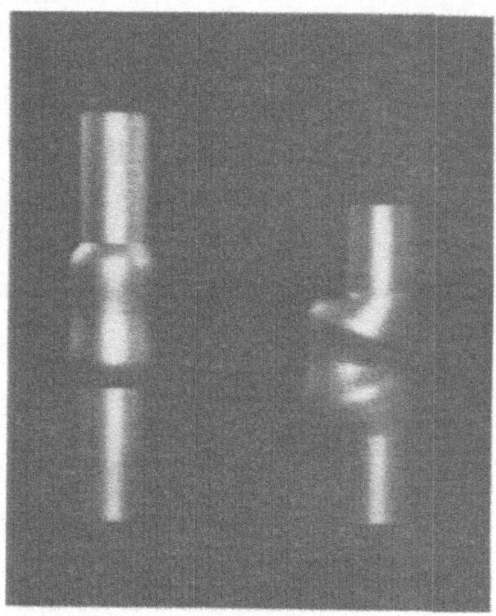

Bild 30: Ringfalte beim Querfließpressen.

2.2.3.2 Unrundheit, Verwölbung und Einschnürung

Ab einem relativen Bunddurchmesser $d_1/d_0 \approx 2$ (ausgenommen die Fälle, in denen ein anderer Versagensfall vorher auftritt) beobachtet man bei kleinen relativen Auslaufradien und Spalthöhen eine Abweichung des Bundes von der kreisrunden Form. Mit zunehmendem Außendurchmesser sind vier vorauseilende und vier nacheilende Bereiche zu erkennen, die am Umfang abwechselnd alle 45° angeordnet sind. In den nacheilenden Bereichen ist der Bund deutlich dünner (Bild 31).

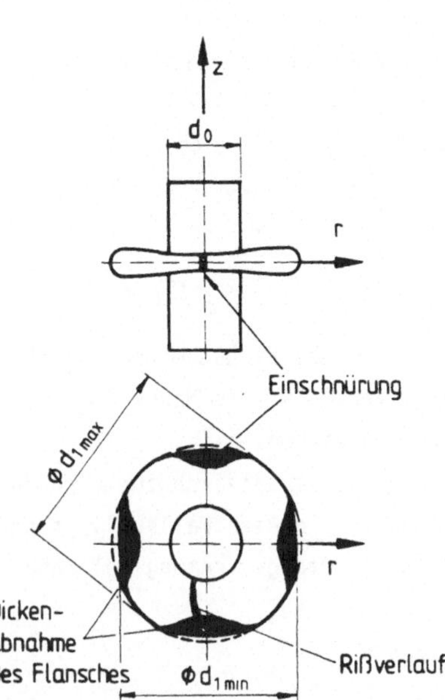

Bild 31: Schematische Darstellung der Einschnürung am Bund und des Riß-
verlaufs bei Variante I, II und III.

Eine Erklärung dieser an die Zipfelbildung beim Tiefziehen erinnernde Er-
scheinung mag der herrschende Spannungszustand und eine vorhandene Werk-
stoffanisotropie geben. Der in Kapitel 3.3.5 noch ausführlicher besprochene Spannungszustand ist am Bundaußenrand von großen Tangentialzugspannungen gekennzeichnet. Da die Radialspannungen an der Oberfläche verschwin-
den müssen und die Axialspannungen geringfügig positiv sind, kann man von
einem angenäherten einachsigen Spannungszustand ausgehen, dessen Formände-
rungsgeschwindigkeitstensor dreidimensional belegt ist:

$$
V = \begin{pmatrix} -\frac{1}{2}\,\dot{\mathcal{E}}_\vartheta & 0 & 0 \\ 0 & +\dot{\mathcal{E}}_\vartheta & 0 \\ 0 & 0 & -\frac{1}{2}\,\dot{\mathcal{E}}_\vartheta \end{pmatrix} \tag{1}
$$

Wird am Bundrand die Gleichmaßdehnung örtlich überschritten, beginnt das
Werkstück dort einzuschnüren. Die regelmäßige Winkellage unter 90 Grad zu-
einander könnte in der räumlichen Verteilung der Zweitphasen und deren
Kornformorientierung liegen, welche durch die aus Vierkantknüppeln gewalzten
Rundstäbe entstehen können und sich durch eine Wärmebehandlung nicht rest-
los beseitigen lassen.

Die in r- und z-Richtung wirkenden Anteile des Spannungsdeviators

$$
T' = \begin{pmatrix} -\frac{1}{3}\,\sigma_t & 0 & 0 \\[2mm] 0 & \frac{2}{3}\,\sigma_t & 0 \\[2mm] 0 & 0 & -\frac{1}{3}\,\sigma_t \end{pmatrix}
\tag{2}
$$

unterstützen die Bildung und das Wachstum der Einschnürung. Die Komponente in r-Richtung ($-1/3\,\sigma_1$) verstärkt die Nacheilung der Einschnürstelle gegenüber den benachbarten Bereichen.

In unregelmäßiger Folge treten zusätzlich zur Unrundheit und Einschnürung Verwölbungen der Bunde auf. In diesen Fällen liegt der Bund nicht mehr in einer Ebene, sondern ist in Umfangsrichtung wellenförmig verzerrt.

2.2.3.3   Risse im Flansch

In der Regel schnürt der Werkstückrand ein, bevor er nach geringfügig vergrößertem Stempelweg einreißt. Bei relativen Spalthöhen $s/d_0 > 0,5$ trat der Riß ohne vorherige ausgeprägte Einschnürung auf. An einem Flächenelement herrschen am Flanschumfang große tangentiale Zugspannungen σ_t und geringe axiale Zugspannungen σ_z (Radialspannung $\sigma_r = 0$).
Bild 32 gibt schematisch den Spannungszustand und den Rißverlauf an. Der Riß begann im Bereich der positiven Axialspannung σ_z am Außenrand in der ϑ-r-Ebene unter ca. 45° zur Tangente am Flanschumfang und veränderte seine Winkellage mit abnehmenden r-Koordinaten in die ϑ-z-Ebene mit einer Neigung von ca. 45° zur z-Achse aufgrund der im Bundbereich weiter innen wirkenden axialen Druckspannung σ_z und tangentialen Zugspannung σ_t. Beide Bruchebenen überlagerten sich zu einer gemeinsamen Ebene; der Übergang von der ϑ-r-Ebene zur ϑ-z-Ebene war nicht genau zu definieren. Der Riß durchlief immer den gesamten Flansch und endete im Bereich der Auslaufradien im Schaft.

Ähnliche Beobachtungen wurden beim Stauchen kreiszylindrischer Vollkörper in einer Vielzahl von Arbeiten [34] einer Analyse unterzogen, ohne eine zuverlässige Aussage über die Bruchmechanismen und deren Auslösung zu erhalten. In einem Übersichtsreferat macht Steck [35] die Aussage, daß sich Methoden zur bruchmechanischen Behandlung duktiler Werkstoffe erst noch in der Entwicklung befinden und die bekannten experimentellen Verfahren an der Übertragbarkeit auf andere Fälle leiden.

Im Rahmen dieser Arbeit werden folglich beobachtete Versagensfälle quantitativ in die Schaubilder der Verfahrensgrenzen eingefügt.

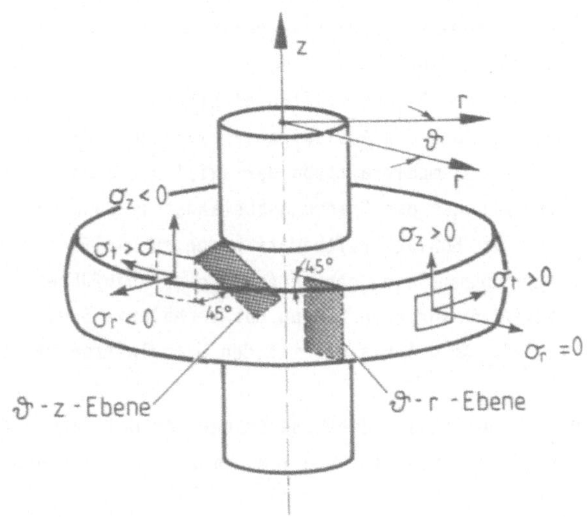

Bild 32: Schematische Darstellung der Rißebenen und der wirkenden
Spannungen.

2.2.3.4   Werkstofftrennung aufgrund rechtwinkliger Werkstoffumlenkung

Bei Variante III wurden bei relativen Spalthöhen s/d_0 = 0,25 und relativen Auslaufradien 0,03 < r/d_0 < 0,06 in geringer Anzahl Werkstofftrennungen in der Mittelebene des Bundes festgestellt. Innerhalb einer Folge von zehn bis fünfzehn Umformvorgängen wiederholte sich dieser Versagensfall nicht mehr. Entsprechend der Duktilität von QSt 32-3 und C 15 bzw. 16 MnCr 5 federte die Trennebene verschieden stark auf, nachdem das Teil ausgestoßen wurde.

Die geringe axiale Ausdehnung der Umformzone und die fast rechtwinklige Werkstoffumlenkung in den Bund bewirken hohe Schubspannungen im Zentrum. Durch Werkstoffverunreinigungen (spröde Phasen) kann örtlich die Schubfließgrenze überschritten werden und so zu Rissen führen.

2.2.3.5   Schließkraft

Bei nicht ausreichender Schließkraft des hydraulischen Systems blieb die
eingestellte Spalthöhe nicht konstant, sondern vergrößerte sich unter der
Wirkung des nun nicht mehr zwangsweise gerichteten Werkstoffflusses. Das
führte bei großer Abweichung zu unregelmäßig geformten Bunden.
Die Schließkraft ist den Stempelkräften nicht proportional zuzuordnen. Die
Schließkraft muß die über die Auslaufradien wirkenden Axialkräfte über-
treffen, während die Stempelkraft von der axialen Stauchung unter dem Stempel und den Rückwirkungen des Spannungszustandes im Bund bestimmt wird.
Die Einflüsse auf den Schließkraftbedarf waren zu vielfältig, um im Rahmen des Versuchsprogramms eine genaue Analyse durchzuführen.
Innerhalb der Verfahrensgrenzen betrug das Verhältnis Schließkraft zu Stempelkraft $F_{schließ}/F_{St} \approx 0,1$ bis $0,5$ mit den Mittelwerten um $0,3$.

Es ist jedoch im Hinblick auf die Lebensdauer der Matrizen ratsam, den
Schließdruck möglichst hoch einzustellen, um eine axiale Vorspannung der
Werkzeuge zu erreichen.

2.2.4   Verfahrensgrenzen

Die Einflüsse auf die Verfahrensgrenzen sollen beispielhaft an Variante III
dargestellt werden. Da bei den Varianten I und II tendenziell die gleichen
Auswirkungen beobachtet wurden, genügt ein kurzer Vergleich aller drei
Varianten am Ende des Kapitels. Als Verfahrensgrenze wurde bereits das
erste Auftreten einer Einschnürung am Bundrand gewertet.
Der Einfluß der Werkzeuggeometrie auf erreichbare Bunddurchmesser bei Variante III ist für den Werkstoff QSt 32-3 mit geringer Vorverfestigung in
Bild 33 erkennbar. Größere Auslaufradien ergeben einen günstigeren Form-
änderungs- und Spannungszustand und lassen längere Stempelwege zu, bevor
der Bundrand einschnürt. Der relative Stempelweg h_{St}/d_0 ist ein Maß für
das umgeformte Volumen und den dadurch erreichten Bundaußendurchmesser.
Eine Zunahme der Auslaufradien hat eine gleichmäßige Verschiebung der Verfahrensgrenzen zu größeren Stempelwegen zur Folge. Bei ungleich großen Ra-
dienkombinationen trat der Versagensfall in Abhängigkeit des kleineren Radius ein.
Die Werkzeugabmessungen schränkten die Untersuchung ein. Relative Spalthöhen $s/d_0 < 0,125$ sind von den erreichbaren Formänderungen her uninteres-

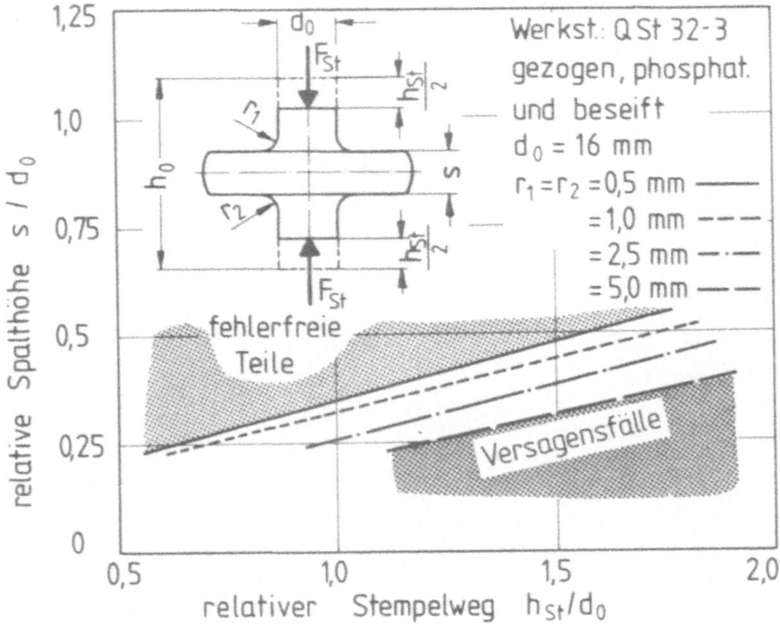

Bild 33: Verschiebung der Verfahrensgrenzen bei unterschiedlichen
Auslaufradien bei Variante III.

sant, es sei denn, man möchte an dem Werkstück nur einen Bund sehr geringen Durchmessers anpressen, der z.B. als Montageanschlag dient. Aufgrund
des begrenzten Stempelweges können keine Angaben über den Einschnürbeginn
bei großen Spalthöhen gemacht werden. Diese Tatsache ist von geringer Bedeutung, weil das QFP im Bereich $s/d_0 \approx$ 0,25 bis 0,5 die besten Einsatz-
möglichkeiten aufweist.

Bild 34 enthält die Verfahrensgrenze "Ringfaltenbildung" in Abhängigkeit
vom Rohteildurchmesser und Auslaufradius. Die Ringfalte entsteht aufgrund
der Spalthöhe und ist vom Stempelweg unabhängig.

Bei der Versuchsauswertung wurden einige Kenngrößen relativiert, um den
Rohteildurchmesser auszuschalten. Bei sorgfältiger Versuchsauswertung war
jedoch ein deutlicher Einfluß der absoluten Rohteilabmessungen zu erkennen.
Größere Rohteildurchmesser ergaben bei der Ringfaltenentstehung und bei den
erreichbaren Bunddurchmessern etwas ungünstigere Werte (Bild 34 und 35).

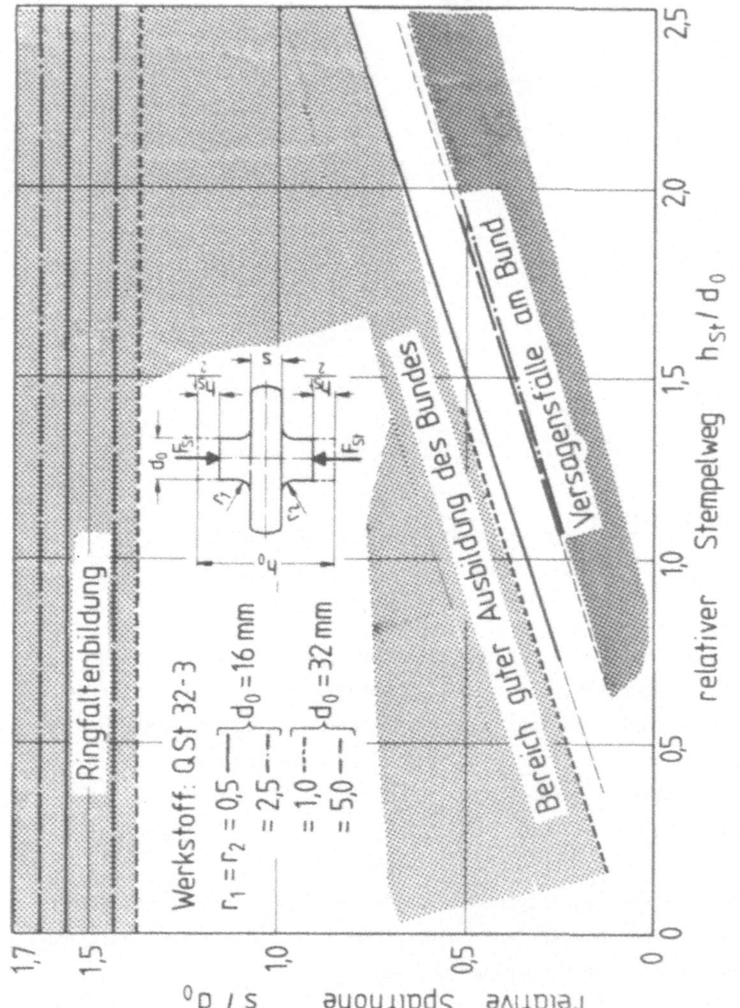

Bild 34: Verfahrensgrenzen beim Querfließpressen nach Variante III.

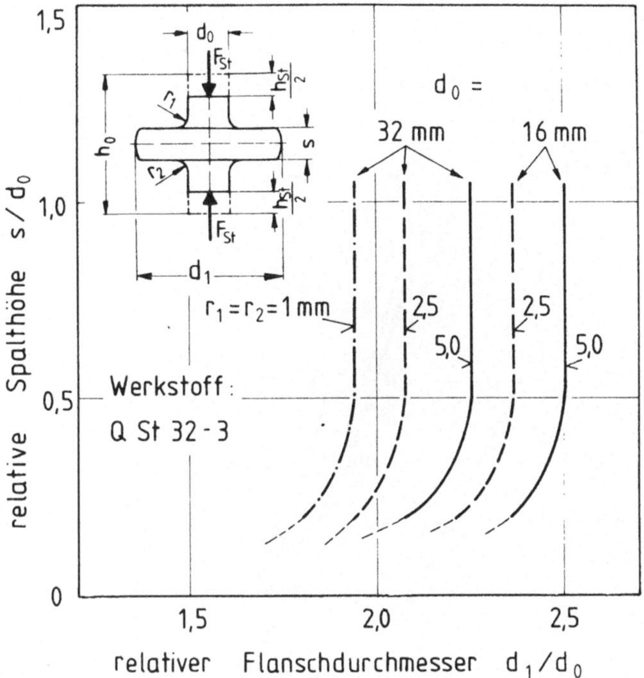

Bild 35: Einfluß der Auslaufradien und Rohteildurchmesser auf den erreichbaren Flanschdurchmesser.

Dieser Effekt dürfte auf den leicht veränderten Stofffluß zurückzuführen
sein, der entsteht, wenn die Außenschichten des Werkstoffes durch Reibung
gebremst werden und der Abstand zu den ungestörten Fasern der Mittelachse
größer ist als bei kleinen Rohteildurchmessern. Das hat vermutlich einen
ausgeprägteren Werkstofffluß aus dem Mittelbereich der z-Achse heraus zur
Folge. Dadurch erhöhen sich die Spannungswerte aufgrund größerer Formänderungen im Bereich der r-Achse. In Kapitel 3.2 wird diese Schlußfolgerung
durch experimentelle Auswertung unterstrichen. Der Einfluß des Rohteildurchmessers auf die Verfahrensgrenzen konnte mit der Finite-Elemente-Methode nicht ermittelt werden, weil bei geometrisch ähnlichen Werkstücken
die Diskretisierung des Lösungsgebietes wegen der begrenzten Anzahl verfüg-
barer Elemente gleich blieb (siehe Kapitel 3.3).

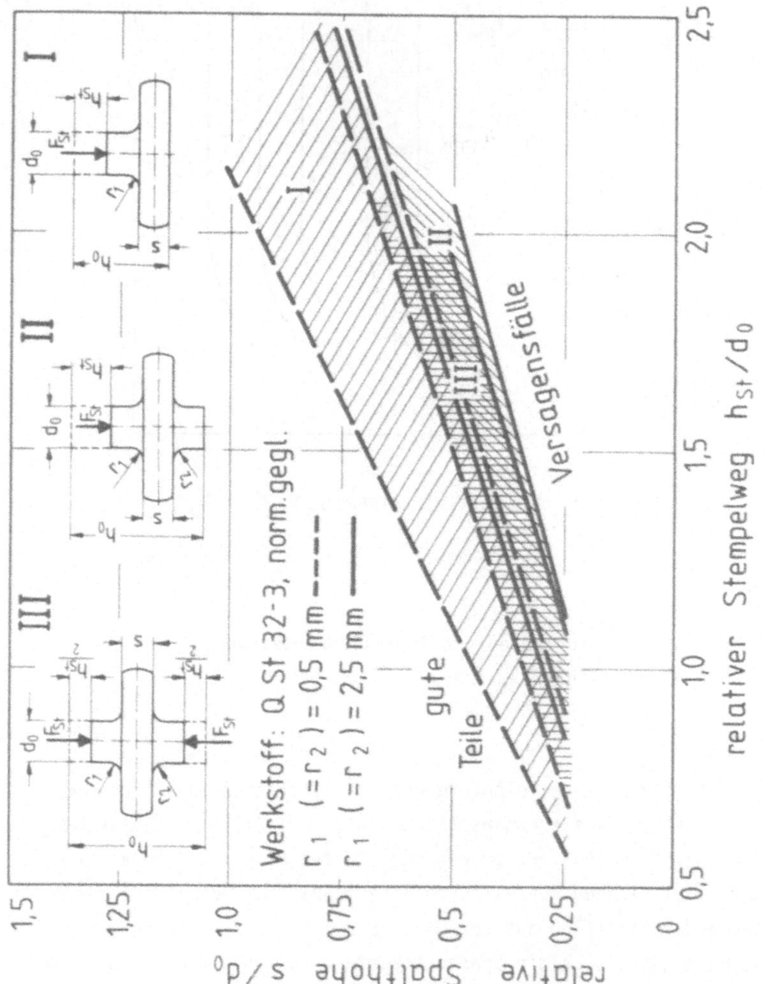

Bild 36: Verfahrensgrenzen bei verschiedenen Querfließpreßverfahren.

Im Vergleich zu QSt 32-3 wurde auch C 15, 16 MnCr 5 und C 45 verwendet. Für s/d_0 = 0,5 und 0,25 bei $h_{St}/d_0 \approx 2,0$ wurde kein signifikanter Unterschied zwischen QSt 32-3, C 15 und 16 MnCr 5 gefunden. Ungeeignet war C 45 wegen Rißbildungen ohne vorherige Einschnürung bei einer relativen Spalthöhe von 0,5 und einem relativen Stempelweg von 0,55.

In Bild 36 ist die Größe des schraffierten Bereiches ein Maß für den Einfluß der Auslaufradien auf die Lage der Verfahrensgrenzen der drei Varianten. Für die Ringfaltenbildung gelten die Grenzen in Bild 34. Bei Variante I hebt der Flanschrand von der ebenen Werkzeugoberfläche (Bild 39) bei kleinen Auslaufradien sehr früh ab, weil der Werkstoff wegen der Fließbehinderung im Bereich der kleinen Radien entlang der Werkzeugoberfläche schneller fließt und diese Voreilung der Flanschunterseite das Abheben verursacht. Bei Variante II herrscht vermutlich ein weiter in das Druckgebiet verschobener mittlerer Spannungszustand, weil größere axiale Stofffluß- und Axialspannungskomponenten durch die einseitige Stempelbewegung im Bundbereich erreicht werden. Der Radieneinfluß entspricht dem bei Variante III.

2.2.5   Mechanische Eigenschaften der Werkstücke

2.2.5.1   Härteverteilung

Die Härte wurde nach der Vickers-Methode normgerecht gemessen. Aufgrund des instationären Umformvorganges wurde eine Härteverteilung mit großen örtlichen Unterschieden erwartet. Bild 37 stellt die Härteverteilung in einer Schnittebene entlang der z-Achse räumlich dar. Im Schaft betragen die Werte ca. 120 HV 10 und steigen sehr rasch auf bis zu 240 HV 10 in der Mittelebene des Bundes nahe der z-Achse mit abfallenden Werten zum Bundrand hin.
Die Streuung der Härtewerte in Umfangsrichtung für jeweils eine z-Ebene und einen Abstand r von der z-Achse betrug durchschnittlich $\pm$ 2 %. Die Symmetrie der Härtewerte bei Variante III bezüglich der Ebene durch z = 0 war maximal $\pm$ 5 % unterschiedlich. Eine Gleichlaufabweichung der beiden Stempel führt durch unsymmetrischen Stofffluß zu ungleichen Härtewerten vergleichbarer Ebenen im Bund. Aufgrund des Zusammenhanges zwischen Härte und ε_V sind im Kapitel 3.2 noch weitere Schaubilder mit Härtemeßwerten dargestellt.

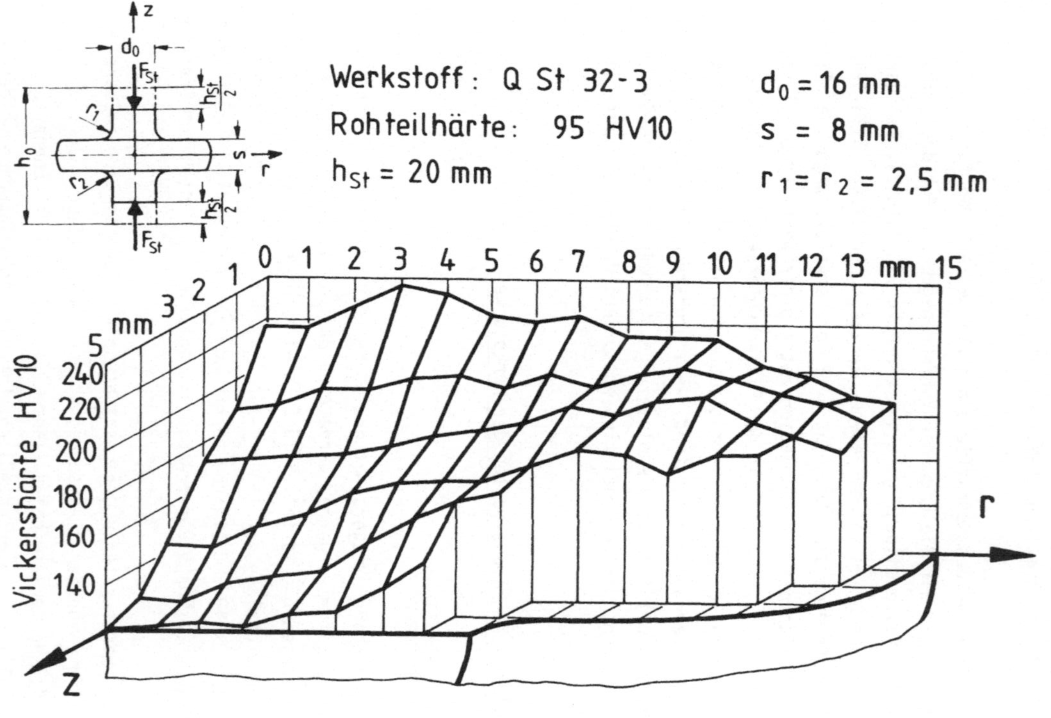

Bild 37: Räumliche Darstellung der Härteverteilung im Bund eines
Querfließpreßteiles nach Variante III.

2.2.5.2   Kerbschlagzähigkeit

Der Kerbschlagbiegeversuch an metallischen Werkstoffen dient zur Beurteilung der Zähigkeitseigenschaften unter den festgelegten Prüfbedingungen.
Bei den QFP-Teilen sollten die Kerbschlagarbeiten in Joule aufgenommen
und die Einflußparameter bewertet werden. Die DVMK-Proben nach DIN 50 115
wurden in Werkstücklängsrichtung so entnommen, daß die Kerbe im Bereich
der Mitte des Bundes, d. h. bei z = 0 lag.
Bei keiner Kerbschlagbiegeprobe war auf einem Prüfgerät mit 50 Joule Maxi-
malausschlag eine Kerbschlagbiegearbeit abzulesen. Anzeigen unter 3 Joule
dürfen nicht gewertet werden.
Diese Ergebnisse belegen, daß der Werkstoff im Bereich der Probenlage mit
4 x 4 mm Kantenlänge völlig versprödet.
Eine Aussage über die Gebrauchseigenschaften des gesamten Werkstückes kann
nicht abgeleitet werden.
Ein Prüfverfahren für die Kerbschlagzähigkeit des gesamten Querfließpreß-
teils ist nicht bekannt.

2.2.5.3   Streckgrenze

Die Streckgrenze des umgeformten Werkstückes ist eine Werkstoffkenngröße,
mit der die Belastbarkeit des Bauelementes abgeschätzt werden kann. Aus
Zugversuchen konnte eine Aussage über das Bauteilverhalten des QFP-Teils
nicht exakt abgeleitet werden. Wegen der Zone großer Verfestigung in der
Bundebene schnürten die in Richtung der Längsachse entnommenen Zugproben
jeweils in der Nähe des Gewindes ein, weil dieser Bereich in dem am geringsten verfestigten Schaftbereich des Werkstücks lag. Die Zugproben DIN
50 125 B 6 x 30 konnten beinahe unabhängig von der vorangegangenen Umform-
mung bis zu durchschnittlich 12 kN belastet werden bevor sie einschnürten.
Das entspricht auf den Ausgangsdurchmesser bezogen einer Streckgrenze von
ca. 430 N/mm². Die Zone im Bereich z = 0 und r = 0 hat dieser Belastung
standgehalten.
Die Zylinderstauchversuche an Proben aus der Bundebene um die z-Achse waren nicht aussagefähig. Die zylindrischen Proben wurden wegen der unterschiedlichen Lage der Zone größter Formänderungen zu Formen ähnlich einem
Kegelstumpf (bei Variante I, II), bzw. bei Variante III einem Körper, der
aus zwei Kegelstümpfen bestand, die an den Seiten kleiner Stirnflächen zu-
sammengesetzt waren, umgeformt.

Die Bereiche hoher vorangegangener Formänderungen blieben starr, während
die weicheren Bereiche plastisch wurden.

Eine Auswertung des Stauchversuchs nach Rastegaev lieferte den Zusammenhang zwischen Härte HV und den k_f-Werten für den vorliegenden Gefüge- und
Glühzustand des QSt 32-3. In Übereinstimmung mit Feststellungen in [36]
ergab sich kein konstantes Verhältnis zwischen k_f und HV. Bei kleinen Formänderungen war der Quotient k_f/HV geringer als bei großen ε_V-Werten. Aus
einer Regressionsrechnung im doppellogarithmischen System wurde die Potenz-
funktion

$$k_f = 0,17 \ HV^{1,56} \quad \text{in } [N/mm^2] \qquad (3)$$

gewonnen. Für $0,1 < \varepsilon_V < 1,3$ wurde in grober Näherung

$$k_f \approx 2,95 \ HV \ 10 \quad \text{in } [N/mm^2] \qquad (4)$$

zur Abschätzung der Streckgrenze aus den Härtewerten festgestellt.

2.2.6   <u>Geometrische Eigenschaften</u>

2.2.6.1   <u>Maßgenauigkeit</u>

Die Durchmesserschwankungen an den beidseitigen Zapfen der Teile nach Variante III sind in Abhängigkeit von Auslaufradius und Spalthöhe für zwei
Rohteildurchmesser in Bild 38 eingetragen. Der Bildaufbau zeigt in der oberen Hälfte die Maßabweichungen für Rohteile mit d_0 = 32 mm, in der unteren
Hälfte die mit d_0 = 16 mm. Die linke Hälfte enthält die Maße auf der lin-
ken Seite des Bundes. Es ist deutlich sichtbar, daß die Durchmesserabweichungen beim großen Rohteildurchmesser aufgrund der dort höheren auftretenden Spannungen und radialen Belastungen der Matrize größer sind als die
bei 16 mm. Entsprechend dem Radialspannungsverlauf sind die Durchmesser
im Bereich des Auslaufradius durch die dort weiter auffedernde Matrize
größer als am Ende des Zapfens. Gleichlaufschwankungen bei der Stempelbewegung und unterschiedliche Reibverhältnisse führen zu geringfügigen Unterschieden beider Zapfenseiten. Größere Auslaufradien ergeben wegen des
damit verbundenen Spannungsniveaus tendenziell kleinere Auffederungen der
Matrize und damit kleinere Durchmesserschwankungen. Diese Aussage ist bei
den Rohteilen mit 32 mm ausgeprägt, während bei den Rohteilen mit 16 mm

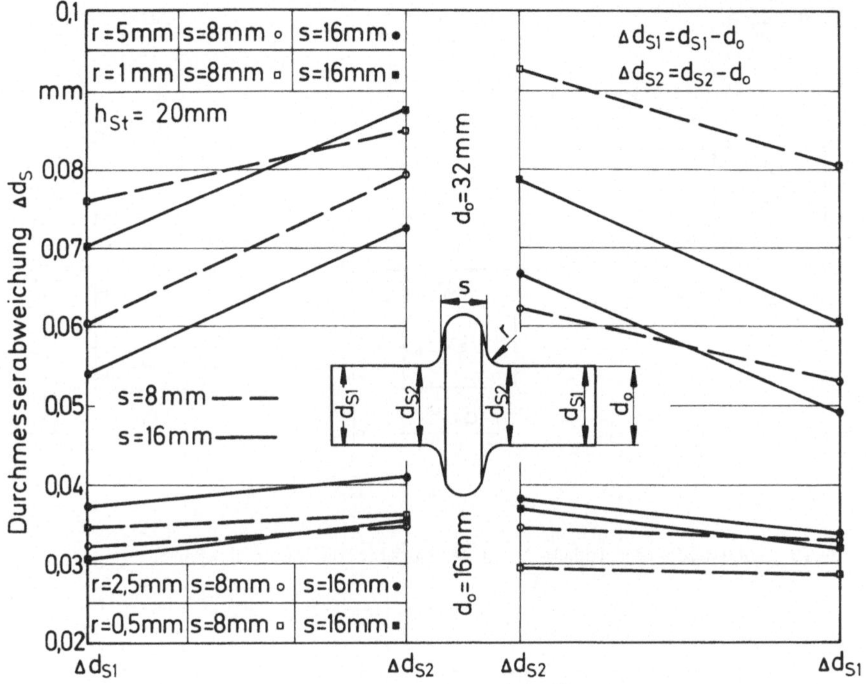

Bild 38: Durchmesserunterschiede an Querfließpreßteilen nach Variante III.

die erwarteten Zusammenhänge nicht deutlich ausgeprägt sind. Bei Variante I und II liegen die Durchmesserabweichungen in der selben Größenordnung.

Der Parallelversatz der Mittelachsen beider Zapfen betrug bei den Varianten II und III im Durchschnitt 0,2 bis 0,3 mm, wobei die Teile mit großem Auslaufradius den stärkeren Versatz zeigten. Der Grund dafür ist in den Reaktionskräften auf der größeren Ringfläche des Radius zu suchen, wenn geringe Stoffflußschwankungen einseitige Kraftkomponenten hervorrufen. Die Höhe h_1 der Werkstücke schwankte um durchschnittlich ± 0,2 mm.

2.2.6.2   Flanschausbildung

Bild 39 gibt einen Überblick über die besprochenen Gestaltabweichungen bei Querfließpreßteilen.

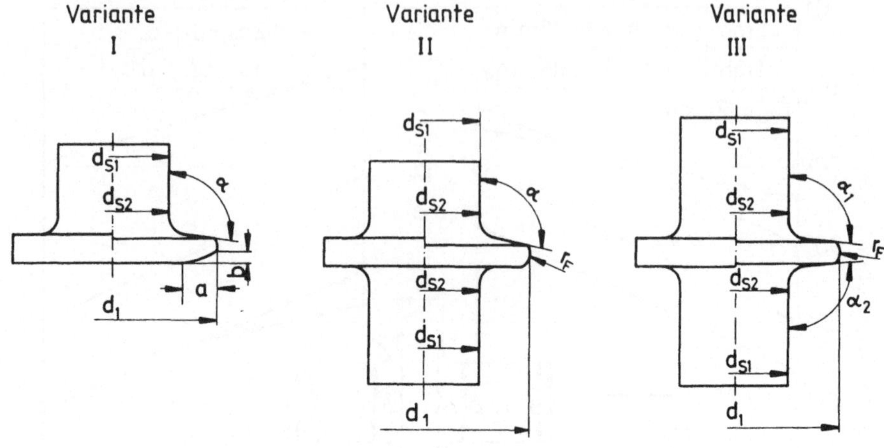

Bild 39: Vergleich der idealen und tatsächlichen Werkstückform.

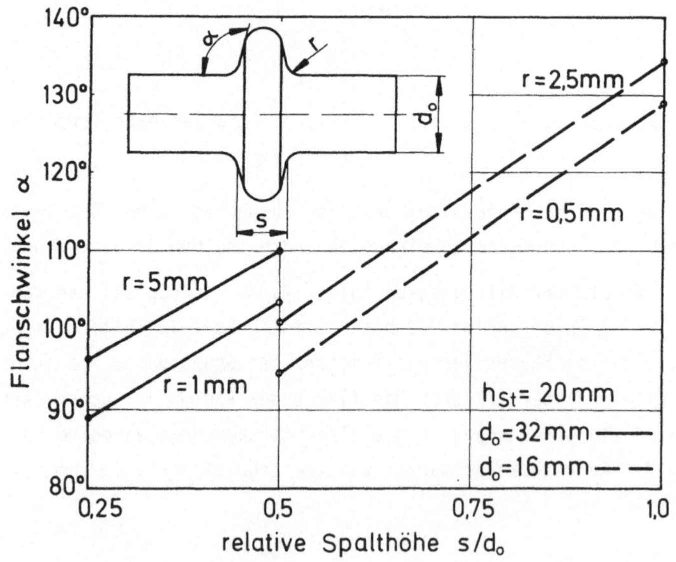

Bild 40: Flanschwinkel α in Abhängigkeit von der relativen Spalthöhe bei
Variante II.

Der Flanschwinkel verändert sich in Abhängigkeit der relativen Spalthöhe. Aus Bild 40 erkennt man, daß für größer werdende Spalthöhen die Flanschwinkel deutlich zunehmen. Bei einem vergrößerten Auslaufradius r wird der Flanschwinkel zusätzlich erhöht. Die Durchmesserbereiche 32 mm und 16 mm bringen dabei unterschiedliche Ergebnisse, wobei bei Rohteilen mit 32 mm größere Flanschwinkel bei gleichen relativen Spalthöhen erreicht werden.

Verglichen mit den Teilen der Variante III in Bild 40 sind in Bild 41 dieselben Abhängigkeiten für Variante II dargestellt. Die Verhältnisse an den Deckflächen auf der Seite des bewegten Stempels verhalten sich analog. Auf der Gegenseite wird ein annähernd rechter Winkel unabhängig von Spalthöhe und Auslaufradius auf der gegenüberliegenden Seite beibehalten.

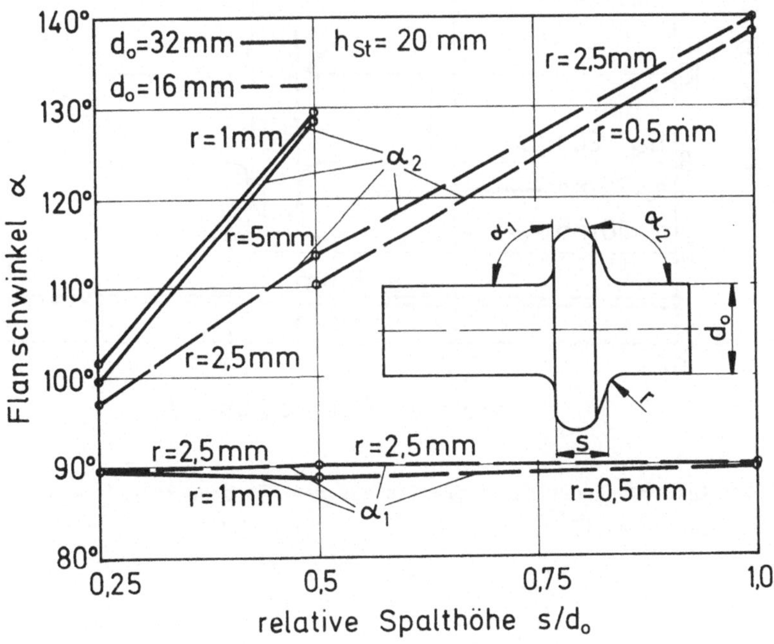

Bild 41: Flanschwinkel α in Abhängigkeit von der relativen Spalthöhe bei Variante III.

Die Abhängigkeit des Flanschwulstradius vom Auslaufradius r ist in Bild 42
festgehalten. Größere Spalthöhen erzeugen größere Flanschwulstradien, der
Einfluß des relativen Fließradius r/d_0 ist hingegen gering. Die absoluten
Rohteildurchmesser wirken sich in unterschiedlichen Flanschwulstradien aus.

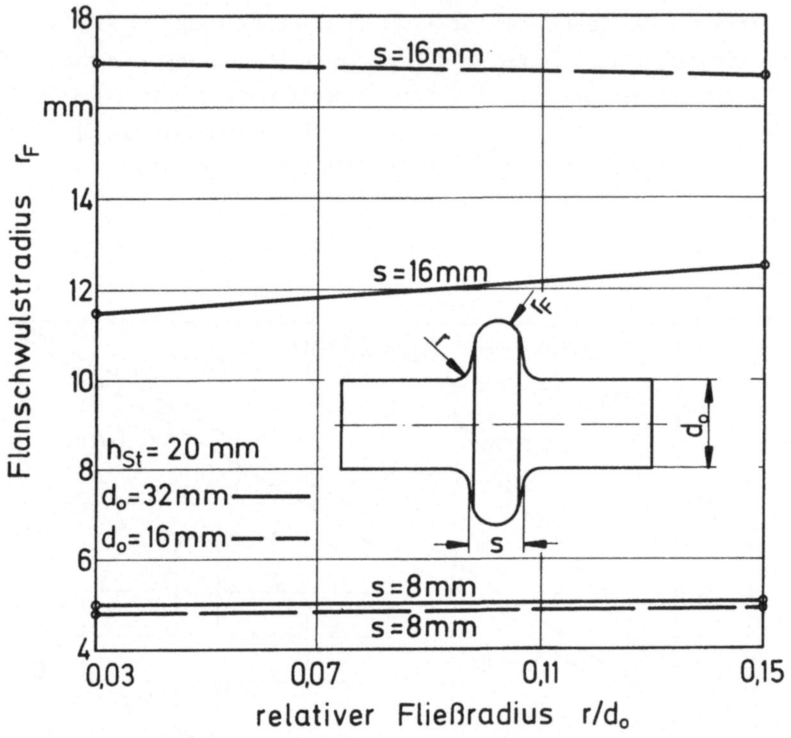

Bild 42: Auswirkung der Auslaufradien auf den Flanschwulstradius bei
Variante III.

Die Werte für Teile nach Variante II liegen in derselben Größenordnung und
haben dieselben Abhängigkeiten. Bild 43 stellt den Einfluß der relativen
Spalthöhe auf die Ausbildung des Flanschwulstradius dar. Hier wird deutlich, daß die Rohteildurchmesser sehr stark in das Ergebnis eingehen, der
Unterschied in den Auslaufradien hingegen relativ geringfügig bleibt.

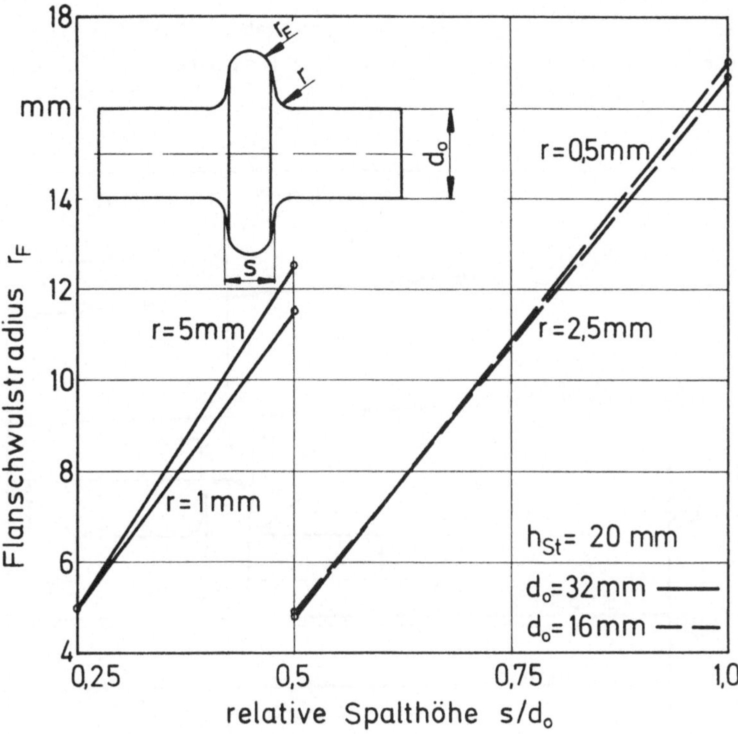

Bild 43: Einfluß der relativen Spalthöhe auf den Flanschwulstradius.

Der erreichbare Flanschdurchmesser d_1 ist abhängig von dem durch die Stempelbewegung verdrängten Werkstoff. Wird der Stempelweg mit 20 mm für alle untersuchten Fälle gleichgehalten, dann muß bei einem Auslaufradius von 5 mm ein kleinerer Flanschdurchmesser als bei einem Auslaufradius von weniger als 5 mm erreicht werden, weil mehr Volumen benötigt wird, um den Raum zwischen einem großen Radius und dem zylindrischen Rohteil und der Spalthöhe mit konstanter Höhe auszufüllen. Bei den Teilen mit Rohteildurchmesser 16 mm bleibt jedoch in Bild 44 der Flanschdurchmesser d_1 unabhängig von den Fließradien konstant. Da Volumenkonstanz in allen Fällen vorausgesetzt werden muß, kann diese Durchmessererhaltung nur erreicht werden, wenn der Flanschwinkel α größer wird. Durch den größer werdenden Flanschwinkel wird der Hohlraum im Bereich des Spaltes mit der Höhe s nicht mehr gut gefüllt und das zur Verfügung stehende Volumen wird in einen größeren Flanschdurchmesser d_1 verdrängt. Dies wird durch die vorausgegangenen Bilder bestätigt.

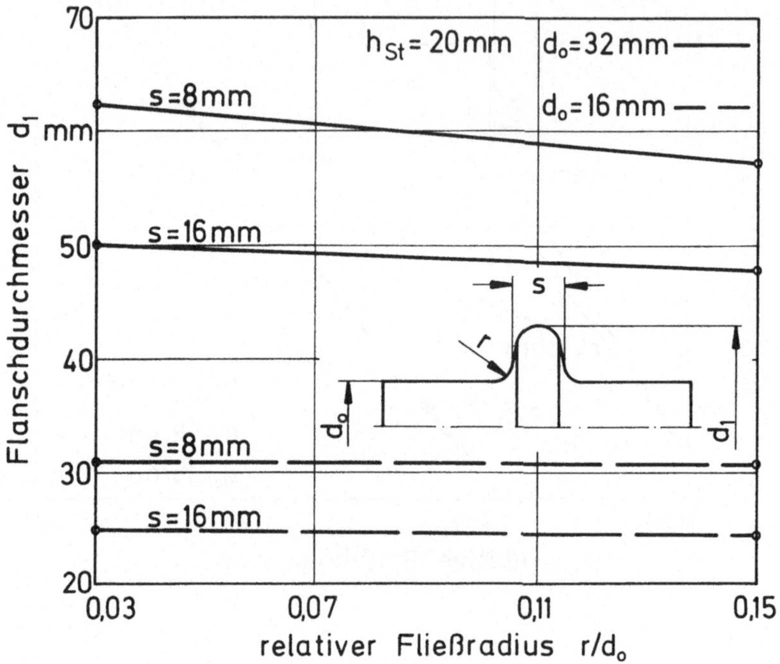

Bild 44: Flanschdurchmesser bei verschiedenen Auslaufradien
bei Variante III.

Für die Variante I erkennt man aus Bild 45 die Abhängigkeit des Flanschwinkels von der Spalthöhe s. Größere Spalthöhen erzeugen auch größere Flanschwinkel. Im Unterschied zu den Bildern der Varianten II und III ergeben sich hier bei Durchmesser 32 mm kleinere Flanschwinkel als bei Durchmesser 16 mm. Dies kann nur mit einem gegenüber den Varianten I und II stark veränderten Werkstofffluß aus dem Zentrum des Werkstückes heraus erklärt werden. Nach relativ geringen Stempelwegen hebt bei der Variante I der Flanschaußenrand von der Werkzeugkontur ab, so daß nur noch eine Fläche mit dem Durchmesser d_E eben bleibt. Das Verhältnis der Durchmesser d_1/d_E

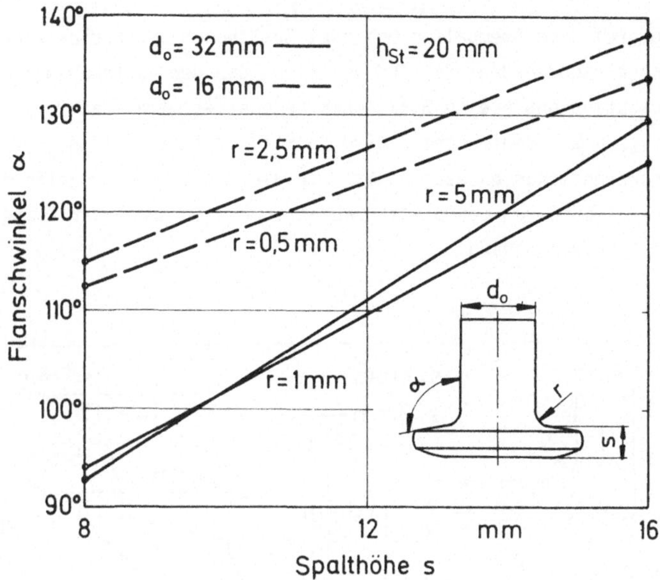

Bild 45: Veränderung des Flanschwinkels durch Spalthöhe und Auslaufradius bei Variante I.

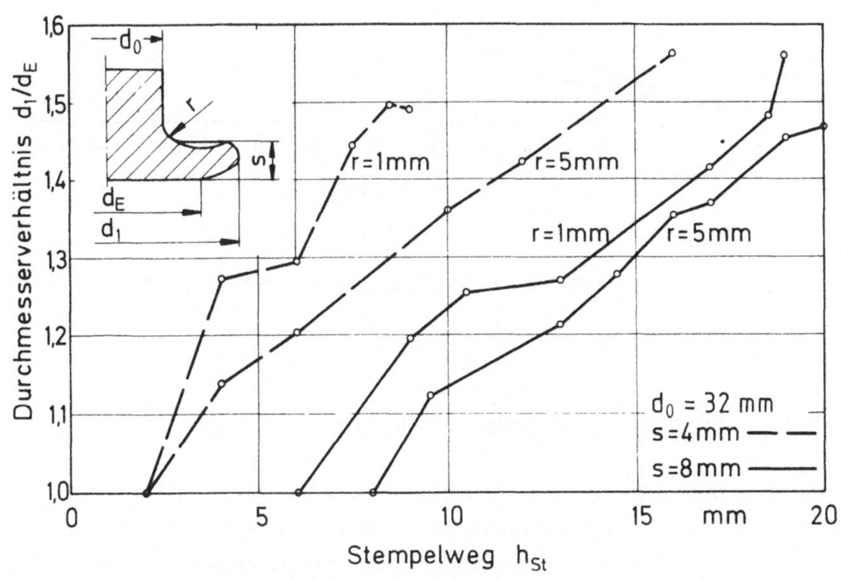

Bild 46: Abmessung der ebenen Flanschfläche bei Variante I und unterschiedlichen Werkzeugabmessungen.

in Abhängigkeit vom Stempelweg bei zwei Spalthöhen und Radien kann aus
Bild 46 abgelesen werden. Es wird deutlich, daß der Kantenabzug durch kleine Auslaufradien und kleine Spalthöhen begünstigt wird. Das Verhältnis des
Kantenabzugs a zur Kantenhöhe b wird in Bild 47 festgehalten. Mit sich stetig vergrößerndem Kantenabzug nimmt auch die Kantenhöhe b stetig zu. Der
Kurvenverlauf wurde an den Stellen abgebrochen, an denen der Flanschaußenrand einzuschnüren begann.

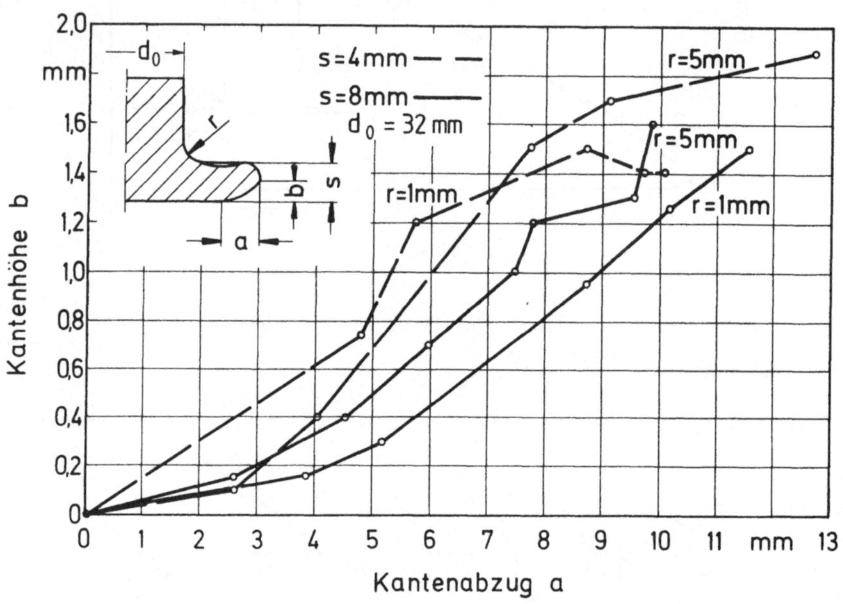

Bild 47: Kantenabzug a und Kantenhöhe b am Flansch bei Variante I.

2.2.6.3 Gleichlaufschwankungen bei schwimmender Matrize

Das Prinzip der "schwimmenden" Matrizen bei Variante III bewirkt, daß sich
die Matrizen bei Reibungsunterschieden in ihrer Lage unterschiedlich bezüglich der Mitte zwischen den beiden Stempelstirnflächen einstellen.
Druckunterschiede in den zwei hydraulischen Schließvorrichtungen führten
zu irreversiblen Unterschieden im Stofffluß und damit verbundenen Unter-

schieden der Zapfenhöhe h_2 und einer Veränderung der Flanschwinkel mit Winkeln $\alpha \gg 90°$ auf der Seite des kürzeren Zapfens und $\alpha < 90°$ auf der Gegenseite. Der längere Zapfen entsteht auf der Seite der Schließvorrichtung mit dem höheren Druck.

Gleichlaufschwankungen bei gleicher Schließkraft des hydraulischen Federsystems entstehen durch Reibungsunterschiede zwischen Werkstück und Werkzeug sowie durch örtliche Fließspannungsunterschiede im Werkstoff. Diese Unterschiede betrugen während des Umformvorganges bis zu 2 mm, bei Vorgangsende glichen sich die Zapfhöhen h_2 bis auf ein durchschnittliches Maß von $\pm$ 0,2 mm aus.

Wurden wesentlich höhere Schließkräfte eingestellt, als benötigt wurden, um ein Öffnen des Werkzeuges zu verhindern, dann wirkten sich Parameterschwankungen während des Umformvorganges geringer auf die Maß- und Gestaltabweichung aus als bei kleinen Verhältnissen von Schließkraft zu Stempelkraft.

2.2.6.4 Oberflächenbeschaffenheiten

Die Rohteile wurden am Außendurchmesser spanend bearbeitet. Um praxisnahe Verhältnisse zu schaffen, wurden an den Werkstücken beim letzten Arbeitsgang Rauheitsmeßgrößen $R_t \approx 32$ µm, $R_{ZDIN} \approx 20$ µm und $R_a \approx 8$ µm erzeugt.

Im nicht umgeformten Schaftbereich der Werkstücke verringerte sich die Rauheit entsprechend den dort herrschenden Radialspannungen. Die Rauhigkeit der Oberfläche blieb durch die Trennwirkung der Phosphat- und Seifenschicht weitgehend erhalten. Profilschriebe zeigten am Rohteil die typisch gleichmäßige Oberfläche gedrehter Werkstücke; die umgeformten Teile weisen eine um die Spitzen verminderte Rauhigkeit auf. Die Drehvorschubrillen blieben als Vertiefungen erhalten.

Im Bereich des Zapfens reduzierten sich die Werte auf $R_t \approx 25$ µm, $R_{ZDIN} \approx$ 18 µm und $R_a \approx 6$ µm.

Am radial ausgepreßten Bund herrscht eine ungebundene Umformung mit freier Ausbildung der Oberflächenfeingestalt. Hier überwiegt der Einfluß der Gefügekorngröße und des Gefügezustandes. Es wurden Versuche mit vorverfestigtem, normalgeglühtem und GKZ-Grobkorn-geglühtem QSt 32-3 durchgeführt. Die grobe Kornstruktur der ASTM-Korngröße 1 (GKZ-geglüht) ergab eine Oberfläche mit Rauhtiefen $R_t > 50$ µm. Das normalgeglühte Gefüge aus

Ferrit-Perlit mit ASTM-Korngröße 7 bis 8 erbrachte Rauhtiefen $R_t \approx 20$ µm bis 30 µm, und die vorverfestigten Werkstücke zeigten eine noch glattere Oberfläche.
Im Bereich der Auslaufradien ist die Werkstoffoberfläche geglättet, rauht aber nach dem Abheben von der Werkzeugkontur sofort wieder auf.

Zusammenfassend kann gesagt werden, daß ein feinkörniges Gefüge maßgebend für die Oberflächenausbildung des querfließgepreßten Bundes ist. Die Rauhigkeit des Rohteils spielt eine wesentliche Rolle für die Restrauhigkeit des Schaftes; der Einfluß auf die Bundoberfläche ist gering.

3   Verfahrensanalyse

3.1   Visioplastische Untersuchungen

Wie in [37] gezeigt wurde, eignet sich die Methode der Visioplastizität,
die eine gemischte experimentell-rechnerische Methode ist, zur Bestimmung
der Formänderungen und Formänderungsgeschwindigkeitsverteilung bei quasi-
stationären Vorgängen. Das Verfahren wurde schon auf instationäre Vorgänge
angewendet [38, 39] und sollte bei dieser Arbeit die Grundlage zur Bestimmung des Geschwindigkeitsfeldes sein. Dazu müssen stufenweise umgeformte
Werkstücke ausgemessen werden. Die kreiszylindrischen Rohteile müssen in
einer die Längsachse enthaltenen Ebene geteilt sein. Auf einer Hälfte wird
ein Liniennetz mit äquidistanten und rechtwinklig zueinander verlaufenden
Linien aufgeritzt. Aus der Verzerrung der Netzlinien nach dem Umformvorgang lassen sich die Formänderungsgeschwindigkeiten und andere Kenngrößen
ermitteln.

Beim QFP eines Bundes wurde das geteilte Rohteil im Bereich der Spalthöhe s
am Umfang nicht gestützt. Nach geringem Stempelweg teilte sich dort das
Werkstück und die zwei Hälften berührten sich im Bundbereich nicht mehr.
Der veränderte Stofffluß ließ keine Anwendung der Visioplastizität zu. Lediglich in einem engen Bereich um die Mittelachse des Bundes ergaben die
verzerrten Liniennetze bei kleinen Stempelwegen grobe qualitative Aussagen
zum Stofffluß. Versuche, die geteilten Werkstücke im Bundbereich durch zusätzlich eingelegte Ringe zusammenzuhalten, scheiterten, weil die Ringe sofort rissen.
Entlang der Mantellinie der Teilungsebene geschweißte Werkstücke versagten
ebenfalls.

Die Versuche nach der Methode der Visioplasticity wurden abgebrochen, weil
mit der Finite-Elemente-Methode bereits sehr gute Ergebnisse erzielt wurden, wie ein Vergleich zwischen der Netzverzerrung nahe der Mittelachse ge-
teilter Proben und der Netzverzerrung der FEM-Rechnung bestätigte.

3.2   Experimentelle Ermittlung der örtlichen Vergleichsformänderungen

3.2.1   Methode

Experimentelle Stoffflußuntersuchungen bestätigten, daß es sich beim QFP um einen inhomogenen Formänderungszustand handelt. Zur Bestimmung der Formänderungsverteilung wird deshalb beim QFP die örtliche Vergleichsformänderung ε_V mittels Härtemessung ermittelt. Hierzu muß der Zusammenhang zwischen HV 30 und ε_V für einen gegebenen Werkstoff bestimmt werden. Dazu dienten Stauchversuche nach Rastegaev, bei denen mit sehr guter Näherung ein homogener Formänderungszustand erzielt wird.

Bei homogener Umformung entspricht der geometrische Umformgrad $\varphi_h =$ ln $h_1/h_0 = \varphi_{max}$, der sich aus den Abmessungsänderungen der Probe einfach errechnet, der örtlichen Vergleichsformänderung ε_V. Für den Stauchversuch nach Rastegaev gilt folglich $\varphi_V = $ ln $h_1/h_0 = \varepsilon_V$.

Nach Arbeiten von [26] erschien der Stauchversuch nach Rastegaev als das zur Zeit einzige Verfahren, um eine homogene Umformung zu erreichen. Das Verfahren ist bis $\varphi_V \approx 1,2$ mit sehr guten Ergebnissen zu verwenden. Auf den in [26] besprochenen Stauchversuch wird nicht näher eingegangen.

Zur Festlegung des Zusammenhangs zwischen Härte und ε_V wurden dreißig Stauchproben feingestuft zwischen $0,1 < \varphi_V < 1,6$ umgeformt. Die Festlegung der Probenkörperabmessungen (Bild 48) und die Versuchsdurchführung erfolgte in Anlehnung an Empfehlungen in [26].

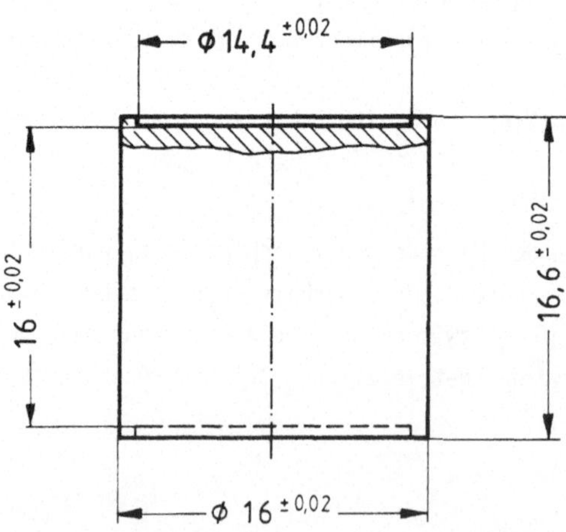

Bild 48: Abmessungen des Stauchkörpers für den Stauchversuch nach Rastegaev [26].

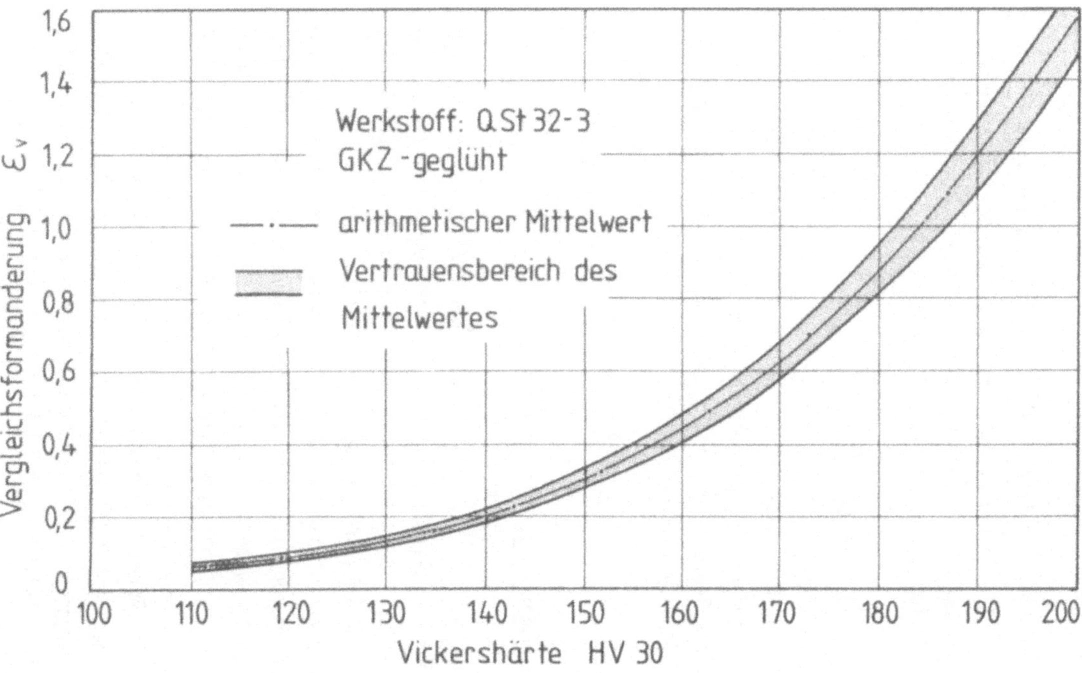

Bild 49: Experimentell ermittelter Zusammenhang zwischen der Vergleichsformänderung ε_v und der Vickershärte.

Der Umformgrad der Proben wurde aus einem Mittelwert der Durchmesser- und der Höhenveränderung errechnet. In der Mittelebene, die die Längsachse enthält, wurde in einem vorschriftsmäßigen Raster die Werkstoffhärteverteilung gemessen. Bis $\varphi_{max} = \varepsilon_V = 1,6$ wurden die Stauchkörper näherungsweise homogen umgeformt.

Den Zusammenhang zwischen Vergleichsformänderung ε_V und der Vickershärte ist für QSt 32-3 in Bild 49 festgelegt. Ergänzend ist der Vertrauensbereich des Mittelwertes bei 95 % statistischer Sicherheit eingezeichnet. Der mathematische Zusammenhang lautet:

$$HV\ 30 = 185\ \varepsilon_V^{\,0,18} \tag{5}$$

Mit Bild 49 wurden die Härtemeßwerte der QFP-Teile in die zugehörige örtliche Vergleichsformänderung ε_V übertragen. Eine Extrapolation der Kurve bis 220 HV 30 war stellenweise notwendig und erschien aufgrund des schmalen Vertrauensbereiches zulässig.

3.2.2   Werkzeuggeometrie

Anhand von Werkstücken nach Variante III wird der Einfluß der Auslaufradien und der Spalthöhe dargestellt. Die Rohteilhärte betrug bei den GKZ-geglühten Werkstoffen ca. 80 HV 30. Vergleicht man Bild 50 mit Bild 51, so erkennt man, daß eine Vergrößerung des Auslaufradius r_1 = 1 mm auf r_1 = 5 mm zu geringeren Vergleichsformänderungen im Schaftbereich führt, und daß in der Ebene z = 0 mm ebenfalls geringere Werte erreicht werden. Die Umformzone bei r_1 = 1 mm konzentriert sich auf einen Bereich geringer Ausdehnung in z-Richtung mit Spitzenwerten bis zu $\varepsilon_V \approx 2,1$ und bei r_1 = 5 mm von ε_V = 1,8.

Die Umformzone ist in Bereiche gleichmäßig zunehmender Formänderungen längs der z-Achse gegliedert. Im Bereich des Bundaußenrandes liegen alle Werte von der Werkzeuggeometrie wenig beeinflußt ungefähr bei ε_V = 0,8. Die Vergrößerung der Spalthöhe von 8 mm auf 12 mm (Bild 52) bringt aufgrund des kleineren Auslaufradius eine ähnliche ε_V-Verteilung wie bei s = 8 mm. Die Ebene z = 4 mm liegt nun im Bereich des Bundes und weist von der z-Achse ausgehend in radialer Richtung bis zu den einheitlichen Werten am Bundaußenbereich hin zunehmende ε_V-Werte auf. Die experimentelle ε_V-Bestimmung ergibt, daß kleine Auslaufradien und kleine Spalthöhen

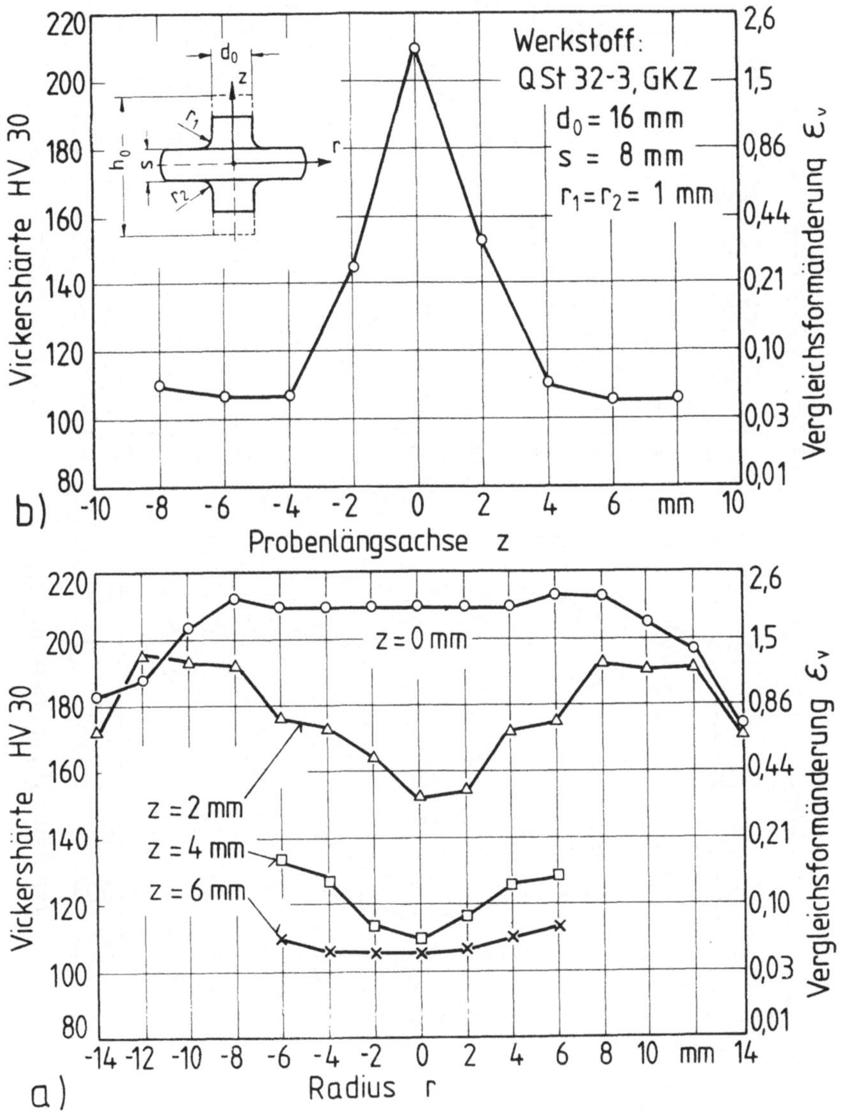

Bild 50: Vickershärte HV 30 und örtliche Vergleichsformänderung ε_v bei Variante III (r_1 = 1 mm).

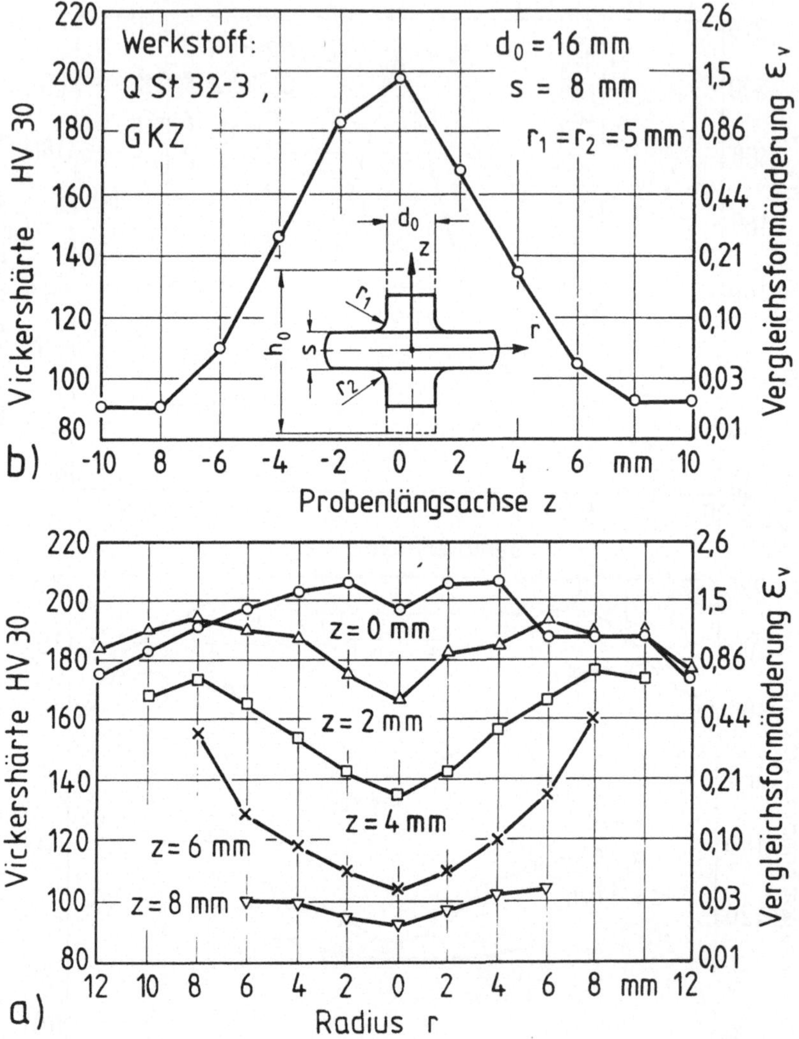

Bild 51: Vickershärte HV 30 und örtliche Vergleichsformänderung ε_v bei Variante III ($r_1 = 5$ mm).

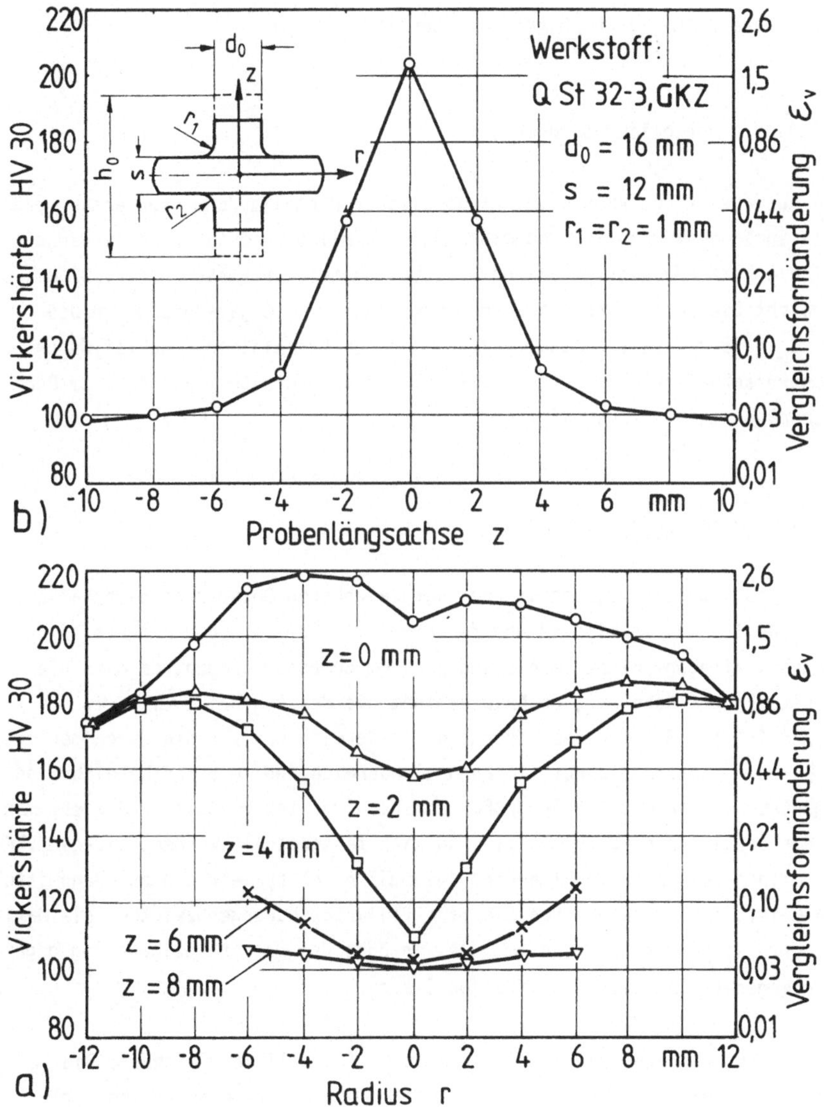

Bild 52: Vickershärte HV 30 und örtliche Vergleichsformänderung ε_v bei Variante III (r_1 = 1 mm, s = 12 mm).

die Zone großer Formänderungen auf einen dünnen Bereich in z-Richtung verdichten. Große Spalthöhen und große Radien ergeben eine räumlich ausgedehntere Zone gleichmäßiger abgestufter ε_v-Werte.

3.2.3   Rohteilabmessungen

Die Ausmessung von Proben unterschiedlicher Rohteildurchmesser ergab, daß bei linear ähnlichen Werkzeugmaßen der Rohteildurchmesser eine Auswirkung auf die Formänderungsverteilung hat. Bei Rohteildurchmessern $d_0 = 32$ mm erreicht die Formänderung am Bundaußenrand $\varepsilon_v \sim 1,6$ gegenüber $\varepsilon_v \sim 0,9$ bei $d_0 = 16$ mm. Daraus resultiert eine gegenüber kleineren Rohteildurchmessern schnellere Erschöpfung des FÄV und der Versagensfall "Riß am Bundaußenrand" tritt früher ein.

3.2.4   Verfahrenseinfluß

Die Ergebnisse der Messung an zwei vergleichbaren Beispielen nach Variante I und II sind in Bild 53 und 54 dargelegt. Bei Variante I konnte in der Längsschnittebene nicht im Abstand $z = 0$ mm gemessen werden, da dies die Werkstückoberfläche war, deshalb beginnt die Messung bei $z = 1,5$ mm. Bei Variante I (Bild 53) ist die Umformzone im Bereich der z-Achse durch geringere ε_v-Werte gekennzeichnet. Im Bundaußenbereich und im Schaftbereich sind gegenüber Variante II keine großen Unterschiede festzustellen. Bezieht man in den Vergleich Bild 50 mit ein, so kann festgestellt werden, daß die VFÄ-Verteilung bei Variante II erwartungsgemäß nicht symmetrisch zur Bundmittelebene ist, sondern wie schon die Stoffflußuntersuchungen zeigten, die Maximalwerte im Bereich $z = - 4$ mm, d.h. in Höhe der der Stempelbewegung gegenüberliegenden Matrizenauslaufradien liegen.

Von der Stempelbewegung her sind Variante I und II vergleichbar. Die Tatsache, daß bei Variante I der Werkstoff an einer Werkzeugoberfläche gleitet, während bei Variante II der Werkstoff in derselben Ebene am feststehenden Zapfen haftet und der Werkstoff in oberen Schichten in den Bundaußenbereich fließt, führt zu dem unterschiedlichen Verlauf der Kurven.

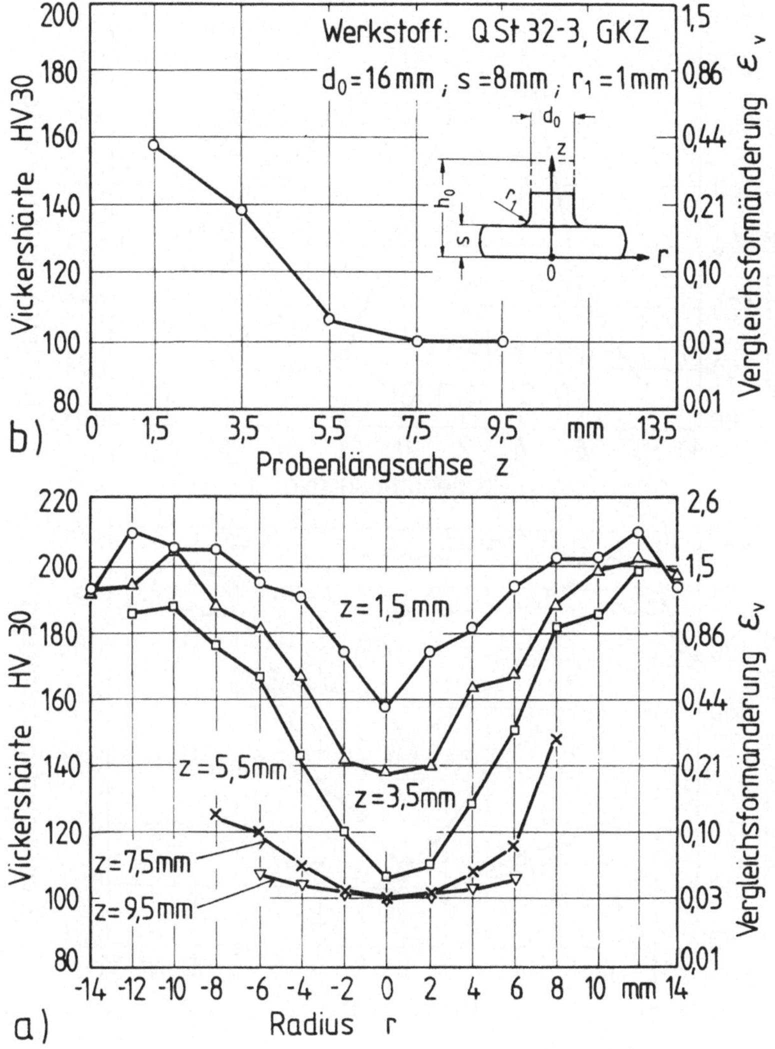

Bild 53: Vickershärte HV 30 und örtliche Vergleichsformänderung ε_v bei Variante I.

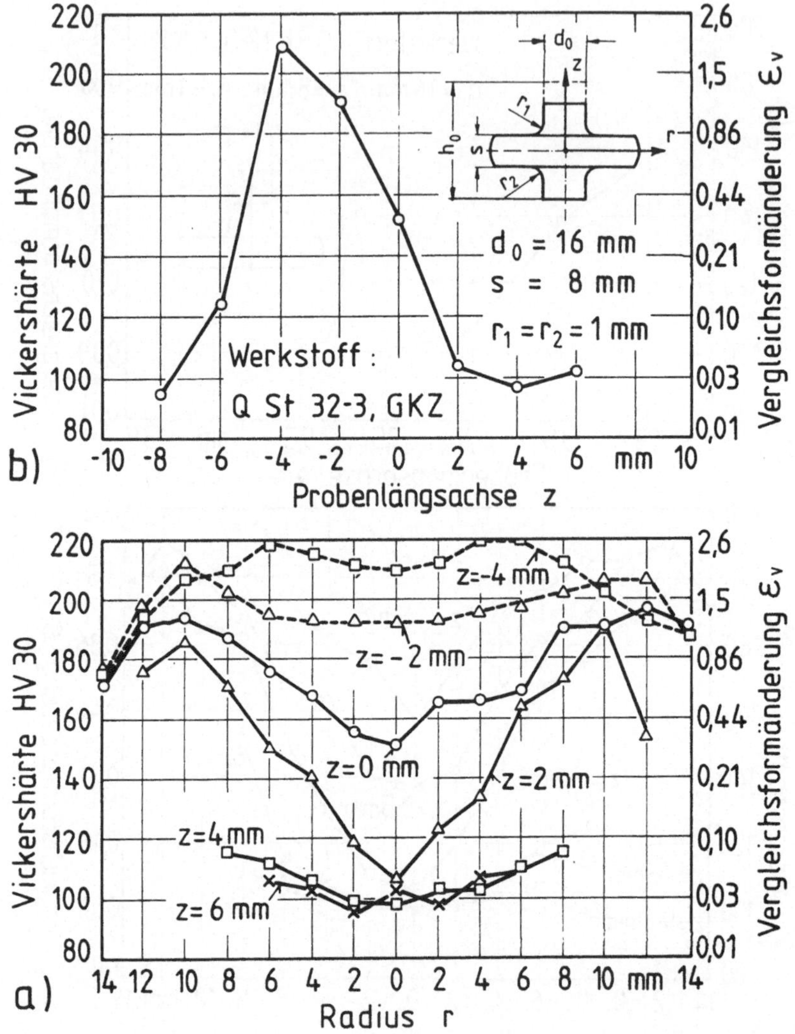

Bild 54: Vickershärte HV 30 und örtliche Vergleichsformänderung ε_v bei Variante II.

3.3   Berechnungen mit Hilfe der Finite-Element-Methode

Die Methode der finiten Elemente (FEM) wurde zu einem verbreiteten Verfahren zur Lösung vor allem elastostatischer Probleme entwickelt. In neuerer Zeit wurde die FEM erfolgreich auf plastomechanische Probleme angewendet.

Bei der FEM wird das Lösungsgebiet in eine endliche Anzahl von Bereichen, die finiten Elemente, aufgeteilt. Die Elemente werden durch Knotenpunkte verknüpft. Grundlegend wird unterschieden, ob mit elastisch-plastischem oder starr-plastischem Werkstoffmodell gerechnet wird. Beim QFP sind die elastischen Formänderungen im Verhältnis zu den plastischen Formänderungen vernachlässigbar klein, deshalb wurde mit starr-plastischem Werkstoffmodell mit Berücksichtigung der Verfestigung gerechnet.
Eine ausführliche Beschreibung der analytischen Grundlagen wird von Roll in [40] gegeben.
Unter Verwendung der Methode der oberen Schranke und der Annahme, daß der gesamte Körper plastische Formänderungen aufweist, wird unter Anwendung des v. Misesschen Stoffgesetzes das tatsächliche Geschwindigkeitsfeld von allen kinematisch zulässigen Geschwindigkeitsfeldern, welche die Inkompressibilitätsbedingung und die Geschwindigkeitsrandbedingungen an der Oberfläche erfüllen, das Funktional

$$\pi = \int_V \sigma_{ij} \cdot \dot{\varepsilon}_{ij} \, dV - \int_S n_i \, \sigma_{ij} \, v_j \, dS \tag{6}$$

zu einem Minimum machen. Da es keine Geschwindigkeitsansätze gibt, die volumenkonstant sind, muß die Inkompressibilitätsbedingung als Nebenbedingung hinzugefügt werden und man erhält für Gleichung (6)

$$\pi' = \int_V \sigma_v \, \varepsilon_v \, dV + \int_V \sigma_m \, \dot{\varepsilon}_{ii} \, dV - \int_S n_i \, \sigma_{ij} \, v_j \, dS \tag{7}$$

In der Gleichung (7) steht das erste Glied für die Volumenleistung, das zweite für die Volumenänderungsleistung und das dritte für die Reibleistung. Unter Verwendung des von Misesschen Stoffgesetzes erhält man aus Gleichung (7) einen Ansatz für ein nichtlineares Gleichungssystem des Geschwindigkeitsfeldes, das Gleichung (6) minimiert. Durch Entwicklung des

Gleichungssystems um ein angenommenes Geschwindigkeitsfeld und Abbruch nach dem ersten Glied wird es linearisiert, und damit wird ein Geschwindigkeitsfeld gewonnen, das die Randbedingungen und die Inkompressibilitätsbedingung erfüllt. Davon ausgehend wird die Lösung auf iterativem Weg bestimmt. Das Verfahren konvergiert bei jedem beliebigen Fließkurvenverlauf. Das Funktional aus Gleichung (7) gilt nur für plastische Gebiete. Um im Rechengang plastische von starren Gebieten zu trennen, wurde die folgende Vorgehensweise eingeschlagen. Im starren Gebiet ist der FÄG-Tensor gleich 0. Da dies zu numerischen Schwierigkeiten wegen $\dot{\varepsilon}_V = 0$ führt, wurde eine Schranke eingeführt, welche die bezogene mittlere Vergleichsformänderungsgeschwindigkeit $\dot{\varepsilon}_{Vg}$ benutzt:

$$\dot{\varepsilon}_{Vg} = \frac{1}{V} \int \dot{\varepsilon}_V \, dV \qquad (8)$$

Für die Unterscheidung beider Gebiete wird vereinbart:

$$\text{starres Gebiet} \quad \dot{\varepsilon}_V < 10^{-3}\dot{\varepsilon}_{Vg}$$
$$\text{plastisches Gebiet} \quad \dot{\varepsilon}_V > 10^{-3}\dot{\varepsilon}_{Vg} \qquad (9)$$

Ausgehend von einem vollplastischen Gebiet wird während des Rechenganges in starre und plastische Zonen unterteilt. Es muß betont werden, daß die in starren Gebieten errechneten Spannungen nicht exakt sind, weil die nur für plastische Zonen geltenden von Misesschen Gleichungen verwendet wurden.

3.3.1   Kurzbeschreibung des Programms

Zur analytischen Behandlung des QFP stand ein von Roll [40] entwickeltes FE-Rechenprogramm als Ausgangsbasis zur Verfügung, das in Zusammenarbeit mit Roll an das QFP angepaßt wurde. Das Programm war geeignet, instationäre rotationssymmetrische Umformvorgänge mit starr-plastischem Werkstoffmodell mit Verfestigung zu berechnen. Für den speziellen Fall des QFP mußten einige programmtechnische Änderungen und Ergänzungen durchgeführt werden, um den QFP-Umformvorgang möglichst wirklichkeitsgetreu beschreiben und analysieren zu können.

Bisher konnten nur ebene Werkzeugoberflächen mit dem Programm behandelt werden. Beim QFP ist aber der Auslaufradius zum Spalt s von großer Bedeu-

tung. Die Werkzeugkontur wurde deshalb im Bereich der Auslaufradien durch
einen Polygonzug mit zwölf Stützstellen angenähert. Die FE-Modelle haben
die Eigenart, daß der Werkstoff am Werkzeug erst anliegt, wenn ein Knoten
anliegt. Bei zu großen Schritten kann ein Knoten die Begrenzungsfläche
des Werkzeugs durchdringen und muß auf die Kontur zurückgerechnet werden.
Ist der Weg der Durchdringung relativ lang, dann wird das Volumen des um-
zuformenden Körpers durch die Rückführung der Knoten auf die Werkzeugkontur verfälscht, d. h. das Volumen verringert sich mit zunehmender Umformung. Zur wirklichkeitsgetreuen Simulation des QFP mußten Randbedingungen
für Knotenpunkte beim jeweiligen Eintritt und Austritt der Auslaufradien
geändert bzw. aufgehoben werden. Vor allem mußte ermöglicht werden, daß
der Werkstoff beim Eintritt in den Spalt s von der Werkzeugoberfläche abhebt. Damit hing sehr eng die Steuerung der Reibbedingungen zusammen, um
die Reibkräfte in der Stempelkraftberechnung berücksichtigen zu können.

Das QFP wurde nur für Variante III mit der FEM behandelt. Der Vorgang wurde in eine Anzahl quasistationärer Schritte aufgeteilt. Die Knotenelements-
koordinaten eines folgenden Zeitschrittes wurden mit dem zuvor neuberechne-
ten Geschwindigkeitsfeld berechnet. Um zu verhindern, daß sich Knotenpunkte
in benachbarte Elemente schieben, war die Wahl der Zeitschrittgröße eingeschränkt.
Parameter, die sich auf die Konvergenzbeschleunigung des Verfahrens und
die Anzahl der Iterationen sowie den Zeitpunkt des Abbruchs der Rechnung
und die Rechengenauigkeit zum Zeitpunkt des Abbruchs der Iterationen aus-
wirkten, mußten im Zusammenhang mit verschiedenen Aufteilungen des Lösungsgebietes in Viereckelemente mit vier Knoten (Idealisierung) ermittelt werden.
Bei der Idealisierung wurde aufgrund der Symmetrie des Vorgangs bei Variante III nur ein Viertel des Werkstücks der Rechnung zugrundegelegt. Bezüglich des Abstandes der Netzlinien in z- und r-Richtung mußte ein Kom-
promiß gefunden werden. Enge Netzlinienabstände sind notwendig, um an der
Außenkontur den Werkstofffluß im Spalt s gut zu erfassen, dagegen führt
dies zu einem früheren Abbruch der Rechnung, weil aufgrund großer axialer
Stauchungen im Bereich z = 0 die Höhen-Breitenverhältnisse der Elemente
die Ergebnisse verschlechtern. Eine Idealisierung mit 144 gleichgroßen
Rechteckelementen mit 175 Knoten nach Bild 55 wurde als beste Lösung ermittelt.

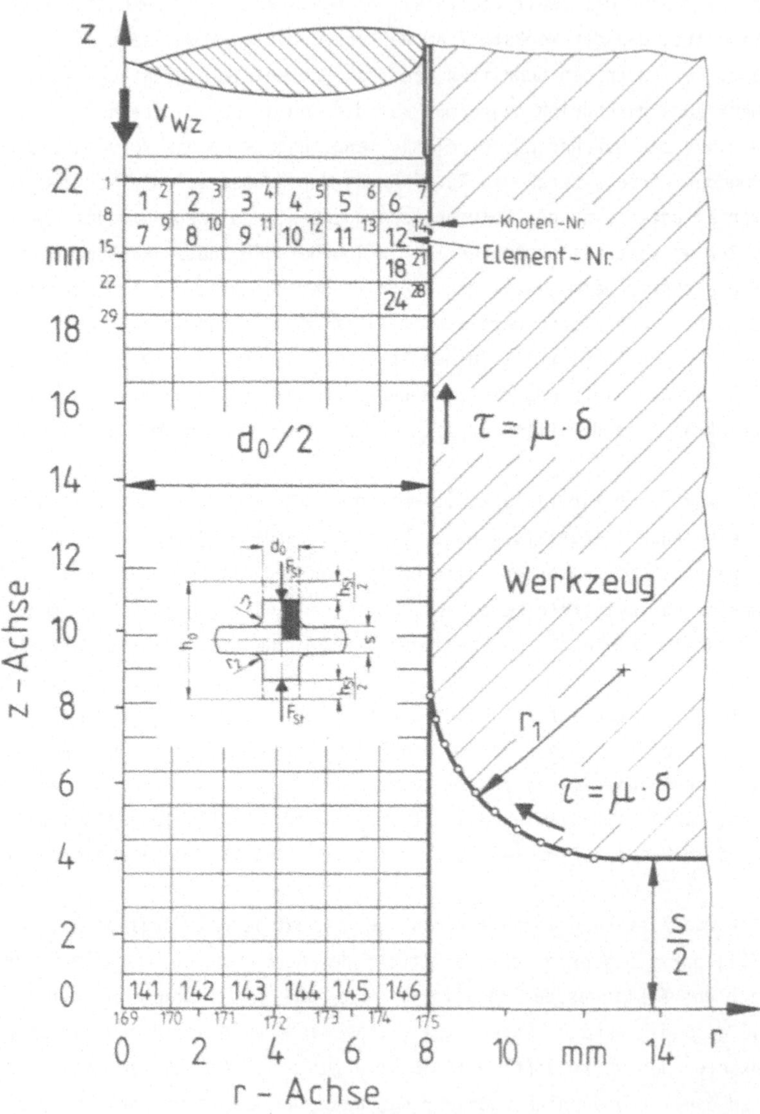

Bild 55: Idealisierung des Lösungsgebietes für die FEM-Analyse.

Aufgrund der hohen Anzahl Iterationen mit sehr hohem Rechenzeit- und Kernspeicherbedarf konnte mit den zur Verfügung stehenden Großrechenanlagen des Rechenzentrums der Universität Stuttgart nur ein geringfügiger Stempelweg vorgegeben werden. Deshalb wurde das Programm mit Unterprogrammen ergänzt, um mit wichtigen abgespeicherten Daten des vollendeten Laufes einen neuen Lauf starten zu können, während alle Ergebnisdaten ausgedruckt bzw. geplottet wurden, um Datenspeicher für den neuen Lauf freizumachen.

Die Rechnung war zu Ende, wenn die Elementverzerrungen zu groß wurden und die Rechnung wegen singulärer Matrizen abgebrochen werden mußte.
Die Fließkurve wurde mit

$$k_f = c \cdot \varphi^n$$

eingegeben, die Reibzahl wurde mit $\mu = 0{,}05$ angenommen.
Die Anfangsstruktur hatte für alle Beispiele 22 mm Höhe und 8 mm Breite; die Spalthöhe und der Auslaufradius wurden variiert. Alle Abmessungen sind relative Größen.

Die folgenden Abschnitte vergleichen vier verschiedene Kombinationen der Auslaufradien und Spalthöhen bei gleichbleibenden relativen Stempelwegen $h_{St}/d_0 = 1{,}25$.

3.3.2 Werkstofffluß

Das gleichmäßige Netz von Bild 55 wird mit zunehmendem Stempelweg im plastischen Bereich immer stärker verzerrt. Die Verzerrung der Elemente ist ein Maß für den Werkstofffluß im betrachteten Augenblick. In Bild 56 a,c werden bei gleicher relativer Spalthöhe die Auslaufradien und in Bild 56 b,d die Radien bei gleicher Spalthöhe verglichen.
Die Zone oberhalb der Auslaufradien ist weitgehend unverzerrt. Die Störung der Netzlinien nahe der Auslaufradien beruht auf der vorher erwähnten Korrektur der Knotenpunkte auf die Werkzeugkontur, womit ein Volumenverlust des Elementes verbunden ist und dadurch bedingter numerischer Instabilitäten, die auch bei Variation der Schrittgröße nicht vermieden werden konnten. Die Folge sind geringfügig kleinere Bundaußendurchmesser d_1 als sie bei Volumenkonstanz erreicht werden.

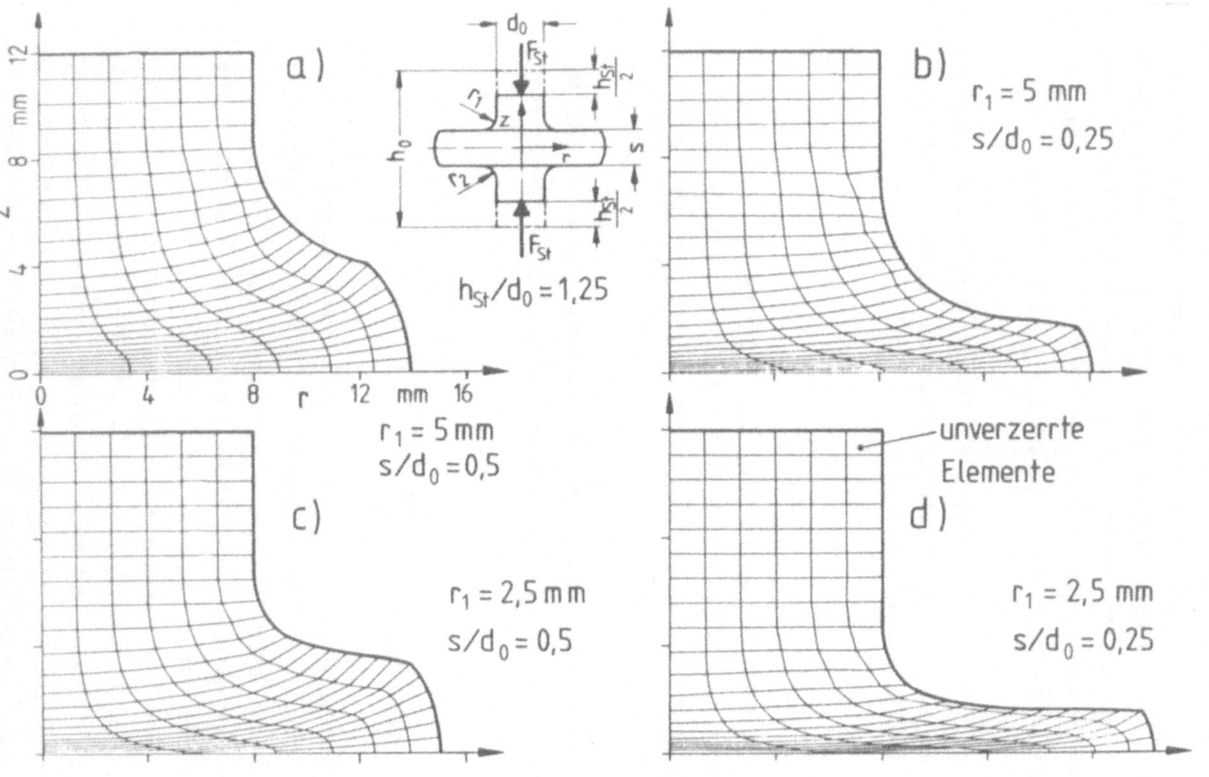

Bild 56: Verschiebungen beim Querfließpressen nach Variante III in
Abhängigkeit von Stempelweg und Geometrieparametern (FEM).

Durch die Verbindung der äußeren Knotenpunkte wird die Werkstückform festgelegt. Die Stirnseite und der zylindrische Schaftbereich sind durch Randbedingungen eindeutig festgelegt. Ab dem Eintritt des Werkstoffes in den Bereich der Auslaufradien zeigt sich die Güte des FE-Programms in der Bestimmung der Bundaußenseite. Entscheidende Punkte sind die Ablösung vom Auslaufradius, die Neigung der Bunddeckflächen und der Bundwulstradius. In Kapitel 4 wird die gute Übereinstimmung mit Experimenten dargestellt. Die Verschiebungen der Elemente lassen erkennen, daß die größten Formänderungen in der Symmetrieebene z = 0 im Bereich unter dem Stempel auftreten.
Kleine Auslaufradien verkleinern die Ausdehnung der Bereiche großer axialer Stauchungen in z-Richtung. In Bild 56 b,d waren die Elemente bereits so stark gestaucht, daß die Rechnung bei diesem relativen Stempelweg abgebrochen werden mußte.

3.3.3   Geschwindigkeitsfeld

In Bild 57 ist das Geschwindigkeitsfeld für vier Zustände dargestellt. Die Geschwindigkeiten der einzelnen Knotenpunkte sind aufgrund des instationären Umformvorgangs nur momentan gültige Vektoren. Aus Gründen der Übersichtlichkeit wurden die Pfeilspitzen weggelassen, die Länge entspricht dem Betrag der relativen Geschwindigkeit eines Knotens. Die im Bereich des Auslaufradius nach außerhalb der Werkstückbegrenzung weisenden Vektoren hängen mit der Durchdringung der Außenkontur durch die Knotenpunkte zusammen und sind nicht nach jedem Zeitschritt vorhanden. Ein Vergleich sämtlicher Geschwindigkeitsfelder während des Umformvorganges beweist den instationären Charakter des QFP. Die Richtungsänderung von rein axialer in radiale Richtung beginnt ungefähr in Höhe des Radiusbeginns. Kleine Radien behindern den frühzeitigen Fluß in r-Richtung. Wird zusätzlich die Spalthöhe verringert, dann herrscht ein ausgeprägter Stofffluß aus dem Zentrum heraus annähernd parallel zur r-Achse.

3.3.4   Formänderungsgeschwindigkeitsverteilung

Die Formänderungsgeschwindigkeiten $\dot{\varepsilon}_{ij}$ entsprachen dem erwarteten qualitativen Verlauf und sollen hier zusammengefaßt als Vergleichsformänderungs-

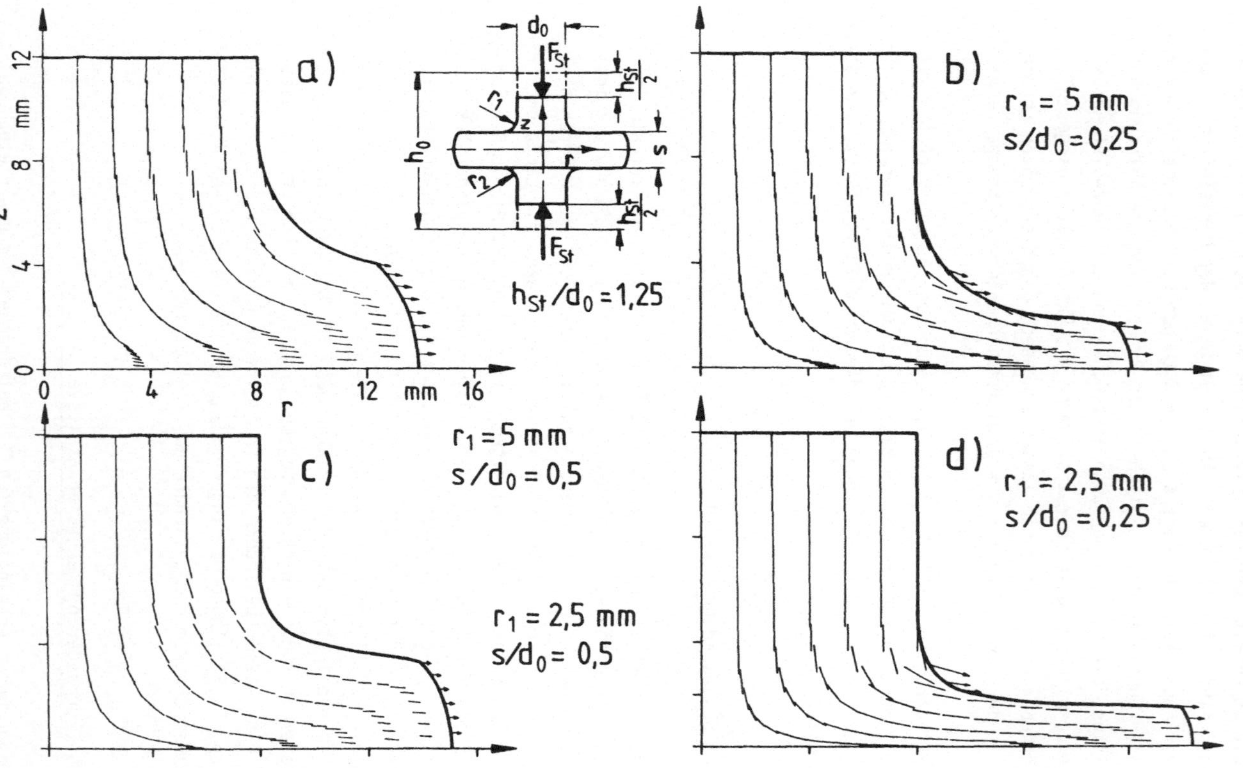

Bild 57: Vergleich der Geschwindigkeitsfelder (FEM) bei Variante III.

geschwindigkeiten aufgezeichnet werden, die sich im vorliegenden Fall aus
der Beziehung

$$\dot{\varepsilon}_v = \sqrt{\frac{2}{3}\left(\dot{\varepsilon}_r^2 + \dot{\varepsilon}_{\vartheta}^2 + \dot{\varepsilon}_z^2 + 2\,\dot{\varepsilon}_{rz}^2\right)} \qquad (10)$$

errechnen lassen.

Eine Gegenüberstellung der Formänderungsgeschwindigkeit $\dot{\varepsilon}_v$ bei Werkstücken
mit r = 5 mm und unterschiedlich großer relativer Spalthöhe s/d_0 in Bild 58
zeigt bei gleichem relativen Stempelweg h_{St}/d_0 folgendes auf: im Teilbild a) ist das gesamte Werkstück plastisch, während in Teilbild b)
bei ε_v = 0,01 die Grenze zwischen dem plastischen und dem starren Bereich
sichtbar ist. Hier tritt noch die Besonderheit auf, daß aufgrund des Durch-
dringens der Knoten durch die Werkzeugkontur im Bereich des Radius noch
zusätzlich Formänderungsgeschwindigkeiten auftreten. Bei beiden Bildern
ist deutlich zu sehen, daß die Zonen größter Formänderungsgeschwindigkeiten
bei kleinen r- und z-Koordinaten liegen, während der Bundaußenbereich durch
relativ geringe Vergleichsformänderungsgeschwindigkeiten gekennzeichnet
ist. Es wurden bei sehr kleinen Spalthöhen $\dot{\varepsilon}_v$-Werte von maximal $\approx$ 0,6 erreicht.

3.3.5   Spannungsverteilung

Mit dem FE-Programm konnten die Verteilungen der Spannungen σ_z, σ_r, σ_t,
τ_{rz} und σ_v bestimmt werden. Das Rechenverfahren ist so ausgelegt, daß
Radialspannungen und Schubspannungen an freien Oberflächen annähernd ver-
schwinden. Die axialen Druckspannungen wirken unter dem Stempel ausgehend
von maximalen Werten mit abnehmender Tendenz bis in den Bundaußenbereich.
Die radialen Druckspannungen nehmen im Übergangsbereich vom zylindrischen
Matrizenbereich zum Auslaufradius hin bei einer relativen Spalthöhe von
s/d_0 = 0,25 und r_1 = 5 mm örtlich Höchstwerte von ca. 1.800 bis 2.100 N/mm²
an. Die Spannungen sind für die Werkzeugbelastung wichtig und werden in
Kapitel 3.4 behandelt.
Die Tangentialspannungen (Bild 59) wechseln vom Druckspannungsgebiet im
Schaftbereich über eine Zone mit σ_t = 0 in den Zugspannungsbereich im Bundbereich. Die Zone mit σ_t = 0 liegt ungefähr unterhalb der Auslaufradien
in Verlängerung der Stempelaußenkante. Die Tangentialspannungen sind verantwortlich für den Versagensfall des Einreißens am Bundaußenrand (siehe

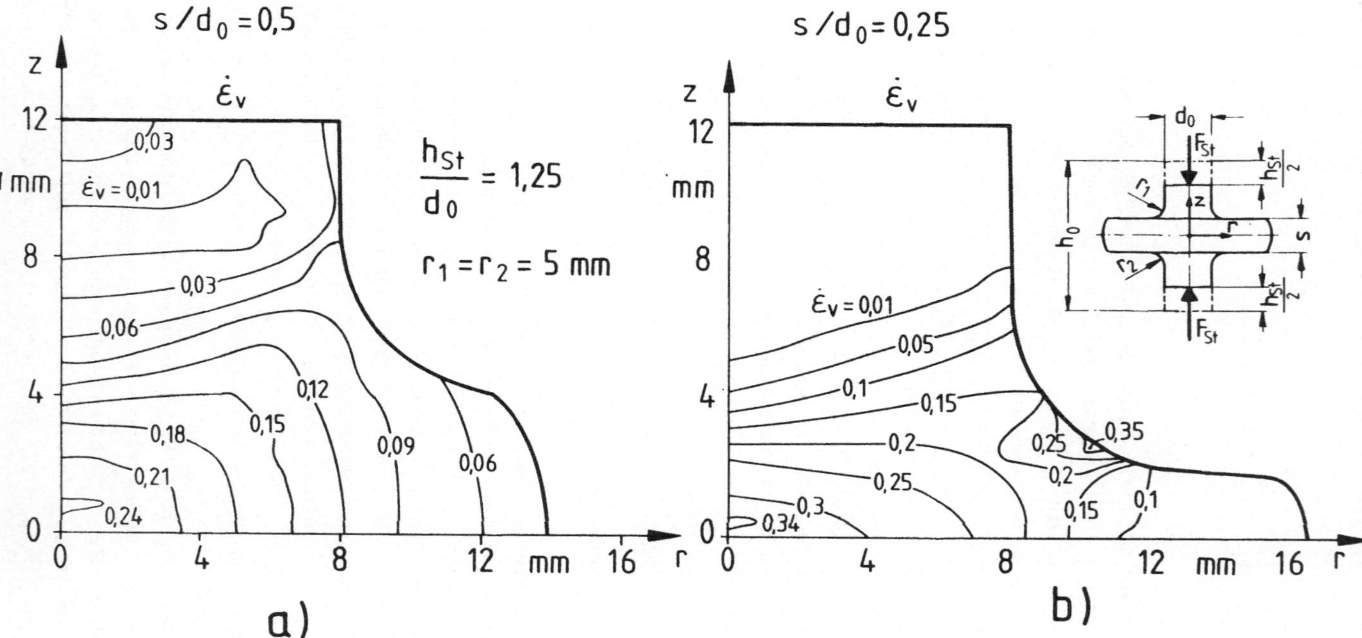

Bild 58: Vergleichsformänderungsgeschwindigkeiten bei verschiedenen Spalthöhen (FEM) bei Variante III.

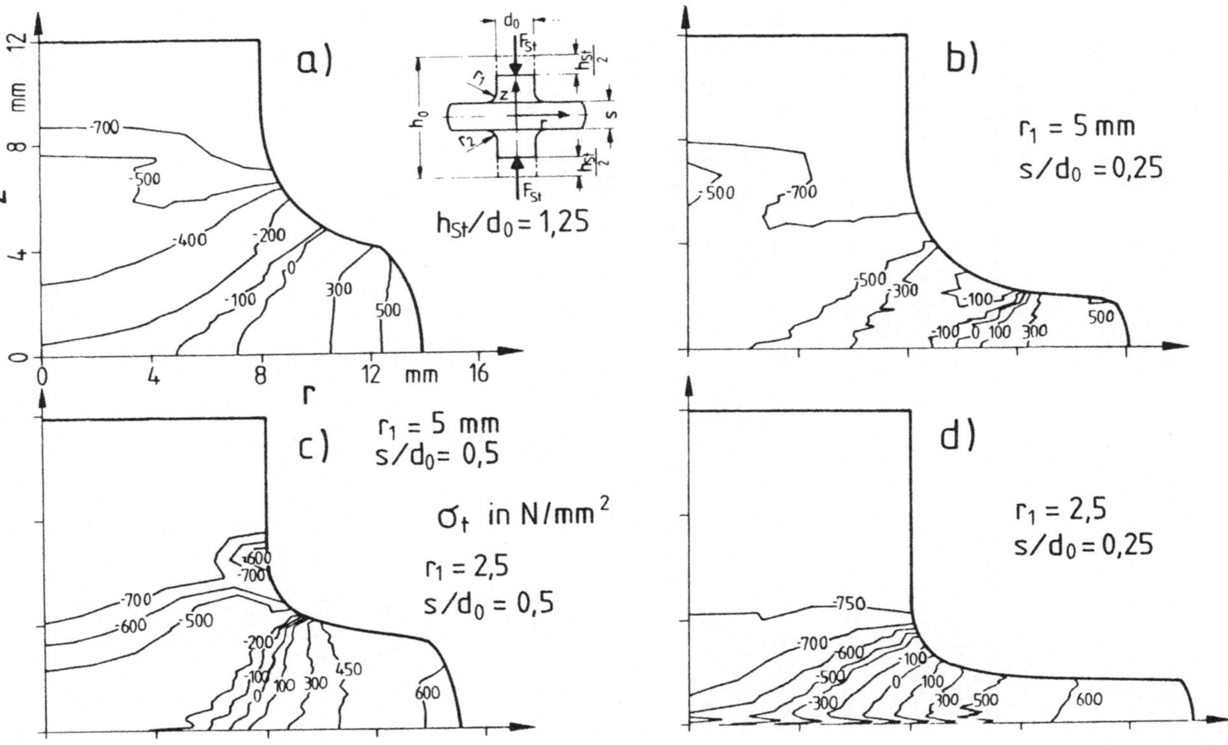

Bild 59: Tangentialspannungen beim Querfließpressen (FEM) nach Variante III.

Kapitel 2.2.3.3). Unter der Wirkung dieser tangentialen Zugspannungen schnürt der Werkstoff an der Oberfläche im Bereich des Bundaußenrandes ein und reißt an.

Mit dem Rechenprogramm konnten die wirkenden Spannungen berechnet werden. Das Formänderungsvermögen bei unterschiedlichen Spannungszuständen war nicht erfaßbar, so daß die Versagensfälle nicht rechnerisch bestimmt werden konnten.

Bild 60 gibt die Vergleichsspannung σ_v am Ende der einzelnen Umformschritte an. Bei $s/d_0 = 0,25$ und $r_1 = 2,5$ mm nahm im Bereich der Bundmittelebene $z = 0$ die Vergleichsspannung Werte bis 900 N/mm² an, die einem örtlichen ε_v von $\approx 3,5$ entsprechen. Dieser sehr schmale Bereich extremer Vergleichsspannungswerte, die aus großen axialen und tangentialen Formänderungen resultieren, weist auf mögliche Erschöpfungen des Formänderungsvermögens des Werkstoffs hin.

Unter Zusammenfassung der Spannungsverläufe σ_r, σ_t und σ_z für verschiedene Werkzeugabmessungen läßt sich schematisch der Spannungsverlauf in der Umformzone in der Ebene $z = 0$ beim QFP angeben. Wie aus Bild 61 ersichtlich ist, verändern sich die Spannungswerte im Bereich unterhalb der Stempelkante unstetig. Im Bereich zwischen $z = 0$ und $z \approx d_0/2$ erkennt man eine Analogie zum Spannungsverlauf beim Stauchen. Die Annahme $\sigma_t = \sigma_r$ trifft nur streng für die Mittelachse zu, mit größerem Abstand nehmen σ_r und σ_t deutlich verschiedene Werte an. Im Bundaußenbereich erreicht σ_z einen geringfügig positiven Wert.

3.3.6   <u>Formänderungsverteilung</u>

Stellvertretend für die Komponenten ε_z, ε_t, ε_r ist im Bild 62 die Verteilung der Vergleichsformänderung ε_v gezeichnet. Man erhält ε_v aus der Integration von $\dot{\varepsilon}_v$ entlang der zurückgelegten Bahnlinie:

$$\varepsilon_v = \int_{t_0}^{t_1} \dot{\varepsilon}_v \, dt \qquad\qquad (11)$$

Die Linien gleicher Vergleichsformänderungen verlaufen analog zu den Vergleichsformänderungsgeschwindigkeiten aus Bild 58. Kleine Spalthöhen und kleine Radien führen beide zu einer Zone hoher ε_v-Werte, die sich in einem engen Bereich um die Bundmittelebene $z = 0$ anordnen. Bei Spalthöhen von $s/d_0 = 0,25$ und $r_1 = 2,5$ mm werden ε_v-Werte von $\approx 3,5$ erreicht.

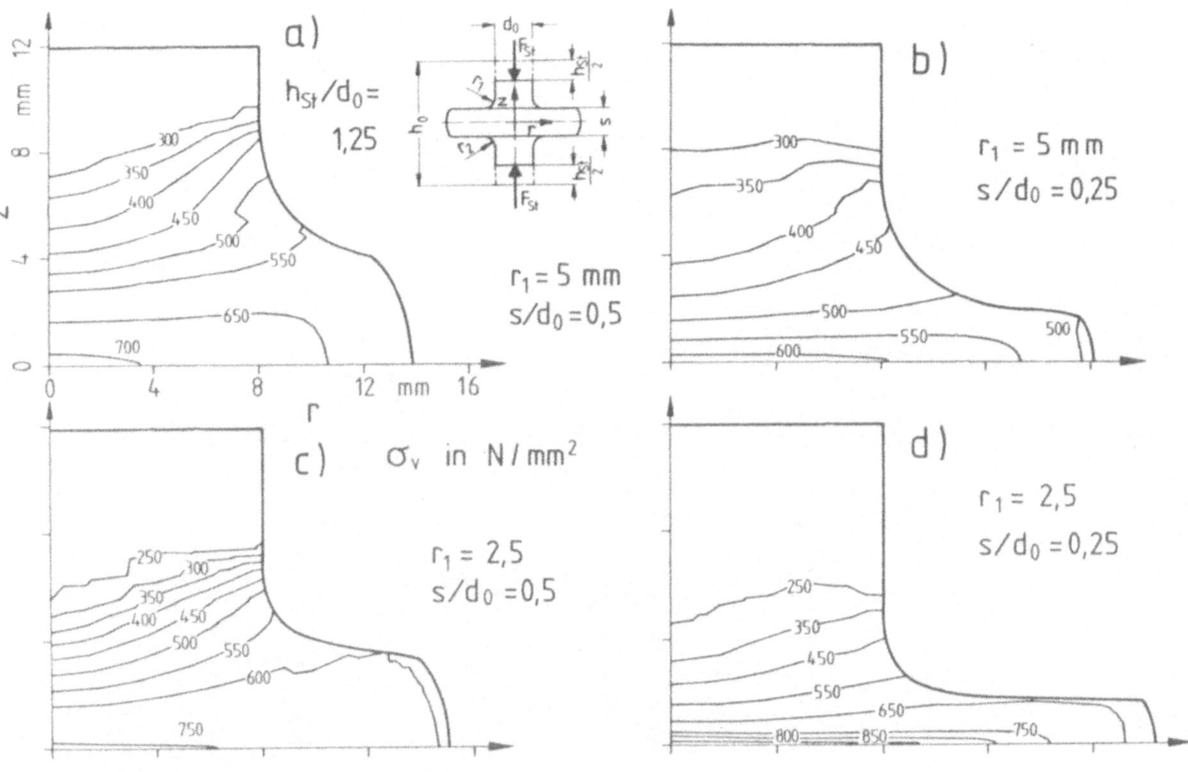

Bild 60: Verteilung der Vergleichsspannung σ_v (FEM) bei Variante III.

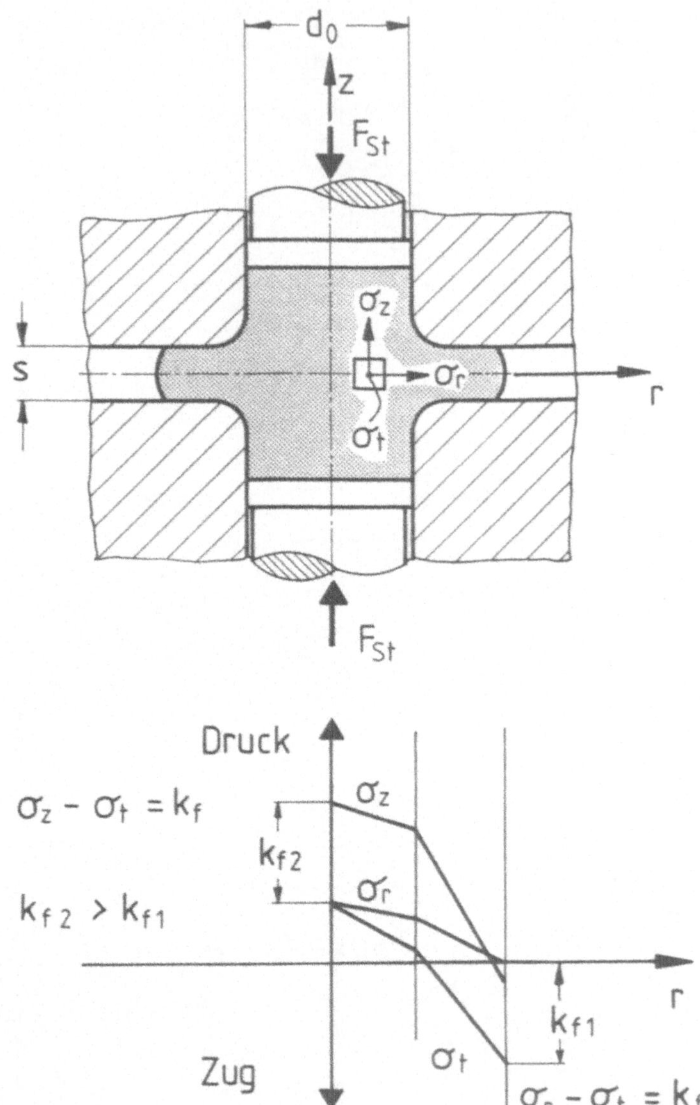

Bild 61: Prinzipdarstellung des Spannungszustandes in der Umformzone beim Querfließpressen nach Variante III.

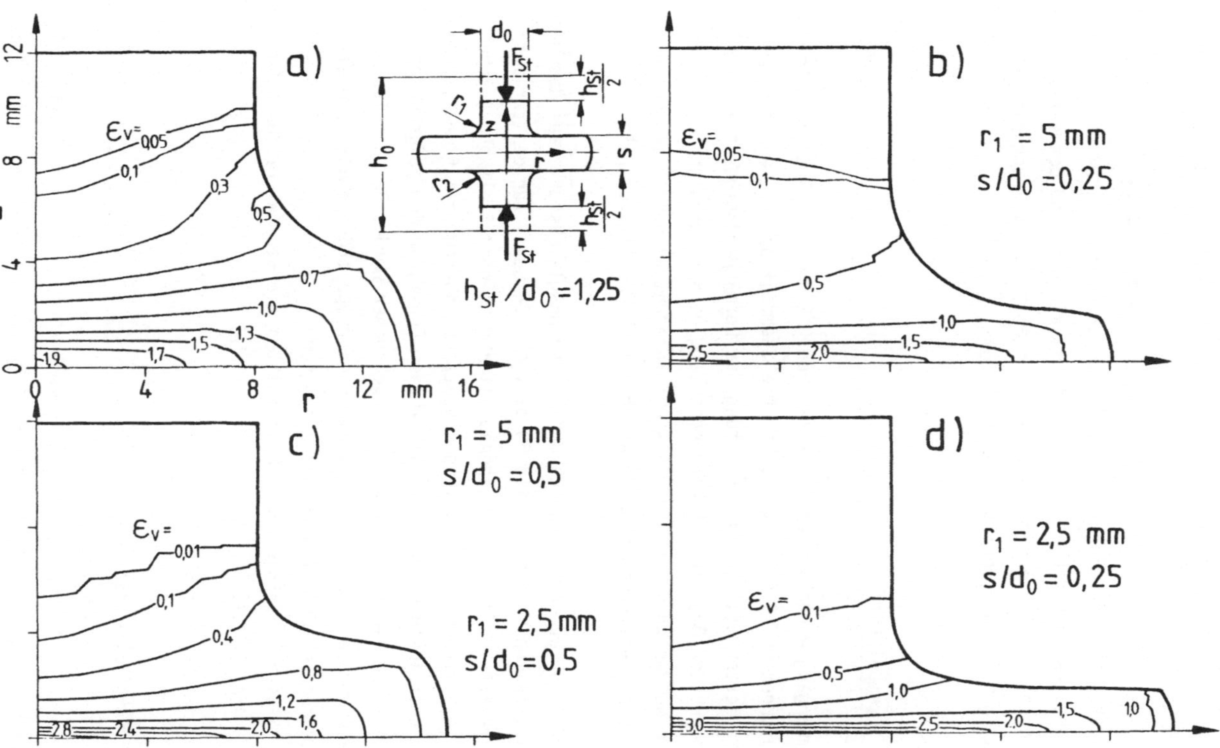

Bild 62: Vergleichsformänderung ε_v beim Querfließpressen (FEM) nach Variante III.

Man erkennt, daß die axiale Stauchung der Elemente in z-Richtung für die hohen Formänderungswerte verantwortlich ist. Selbst wenn der Bundrand große r-Werte erreicht, bleiben die ε_v-Werte verglichen zu denen der Mittelzone relativ klein.

Im Vergleich zu Vergleichsformänderungen, die im Zylinderstauchversuch erreicht werden, sind die hier auftretenden Werte sehr hoch. Da die Mittelebene im Druckspannungsgebiet liegt, tritt allein aufgrund der Vergleichsformänderung noch kein Versagen auf, weil im allseitigen Druckspannungsgebiet das Formänderungsvermögen des Werkstoffs groß ist.

3.3.7   Stempelkräfte

Der Umformvorgang wurde in Schrittweiten von 0,2 mm Stempelweg berechnet und in Stufungen von 1 mm ausgedruckt. Die Stempelkraft F_{St} wurde unter der Annahme berechnet, daß zur Erhaltung der Formänderungsgeschwindigkeiten die im größten Querschnitt wirkenden Vergleichsspannungen im nächsten Schritt überwunden werden müssen. Aus der Integration der in der Ebene z = 0 wirkenden Vergleichsspannungen ergab sich die Stempelkraft.

Der Kraft-Weg-Verlauf wurde danach durch eine Ausgleichskurve aus der Menge der Stützstellen bestimmt. Bild 63 gibt ein Beispiel für den Verlauf der Stempelkräfte, die erwartungsgemäß mit abnehmender Spalthöhe s zunehmen. Bei s = 2 mm erhält man keinen degressiven Kurvenverlauf mehr, sondern eine steil ansteigende Kurve bis zu dem Punkt, an dem aufgrund der Deformation der Elemente die Rechnung abgebrochen wurde. Der Einfluß der Auslaufradien ergab, daß sich bei gleichgroßer Spalthöhe s die Stempelkräfte mit zunehmenden Auslaufradien verringerten.

In Kapitel 4 wird im Vergleich zu Experimenten die Stempelkraftberechnung nochmals erwähnt.

3.4   Werkzeugbelastung

Für die Werkzeugbelastung sind die Axialspannungen unter dem Stempel und die auf die Mantelfläche der Pressmatrize wirkenden Radialspannungen maßgebend. Die Spannungen im starren Bereich sind bei der verwendeten FE-Methode mit Fehlern behaftet. Man mußte deshalb die Spannungen, die auf

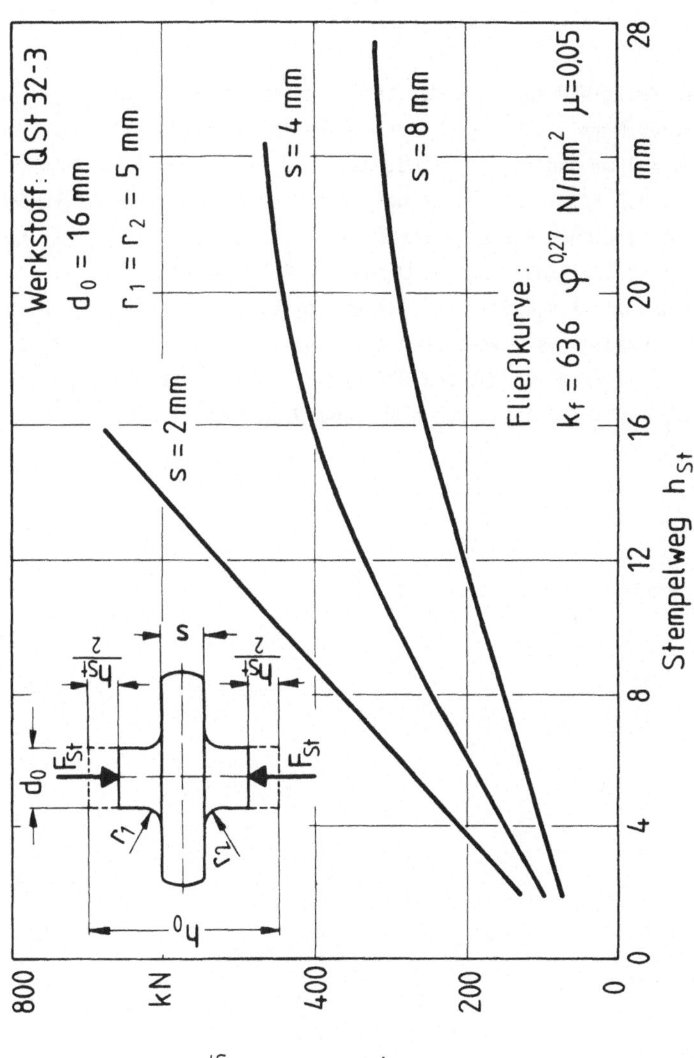

Bild 63: Stempelkräfte für Variante III, berechnet mit FEM.

den Stempel wirken, zu einem Zeitpunkt betrachten, zu dem das gesamte
Werkstück plastisch ist und der Stempel am vollplastischen Bereich anliegt. Gleiches gilt analog für die Radialspannungen, die deshalb nur für
den Bereich der Auslaufradien abgelesen werden dürfen, da oberhalb der
Auslaufradien eine starre Zone vorhanden ist.

Gegen Ende der Kraft-Weg-Kurve wurden bei s = 8 mm und r_1 = 5 mm σ_z-Werte
von 700 bis 1.300 N/mm² und für σ_r örtlich Werte bis zu ca. 700 N/mm² erreicht. Für s = 4 mm und r_1 = 5 mm betrug σ_z ca. 1.000 bis 1.500 N/mm²
und σ_r bis zu 1.000 N/mm². Bei einer weiteren Verkleinerung der Spalthöhe
auf s = 2 mm bei gleichen Radien erreichten örtliche Spannungsspitzen von
σ_z ca. 1.800 bis 2.300 N/mm² und bei σ_r bis zu 2.100 N/mm².
Bei Verkleinerung der Auslaufradien stiegen die Spannungswerte auf ein hö-
heres aber gleichmäßigeres Niveau. Für s = 8 mm und r_1 = 2,5 mm lag σ_z
bei 1.000 bis 1.100 N/mm² und σ_r bei 800 N/mm². Für s = 4 mm und r_1 =
2,5 mm stieg σ_z auf 1.300 bis 1.600 N/mm² und σ_r auf ca. 1.300 N/mm².

4 Vergleich zwischen Rechnung und Experiment

4.1 Kraftbedarf

Für die Stempelkräfte aus der FEM-Rechnung und aus Experimenten wird in
Bild 64 ein Vergleich angestellt, bei dem die relative Spalthöhe und der
Auslaufradius verändert wurden.
Die Umformkraft wurde für die Bundmittelebene berechnet, in der die größten Formänderungen ermittelt wurden. Da die FEM-Kraftberechnung ein Verfahren mit Obere-Schranke-Charakteristik ist, sind die errechneten Stempelkräfte erwartungsgemäß größer als die im Versuch ermittelten. Der Rechnung lag die aus dem Rastegaev-Stauchversuch gewonnene Fließkurve zugrunde. Die Fließspannungswerte, die für sehr große Umformgrade $1,6 < \varphi_V < 3$
extrapoliert wurden, waren um bis zu 10 % größer als die aus dem Zylinderstauchversuch extrapolierten Vergleichswerte.
Bedingt durch die sehr hohe Rechenzeit pro Umformvorgang, mit einem Be-
darf von ca. 17.000 Sekunden Zentralprozessorzeit unter gleichzeitiger In-
anspruchnahme des vollen zur Verfügung stehenden Kernspeicherplatzes der
CD 6600 des Rechenzentrums der Universität Stuttgart, war es im gegebenen
Rahmen nicht möglich, alle Rechengänge zu wiederholen, um die Stempelkräfte bezogen auf andere Querschnittsebenen zu rechnen.

4.2 Formänderungsverteilung

Die Berechnung der FÄV mit Hilfe der FEM lieferte eine mit den Experimenten
qualitativ gut übereinstimmenden Verlauf, wenn man die in vorangegangenen
Kapiteln über die Härtemessung ermittelten VFÄ mit den Ergebnissen der FE-
Rechnung vergleicht. Der typische Verlauf der Linien gleicher VFÄ wird bestätigt, die Darstellung ist feiner gestuft möglich, weil die Messabstände
der Härtemeßeindrücke entfallen; zudem wird im Rechenprogramm zwischen den
Knotenpunkten interpoliert, während die Linienführung zwischen den Härtemeßwerten einen Interpretationsspielraum läßt.

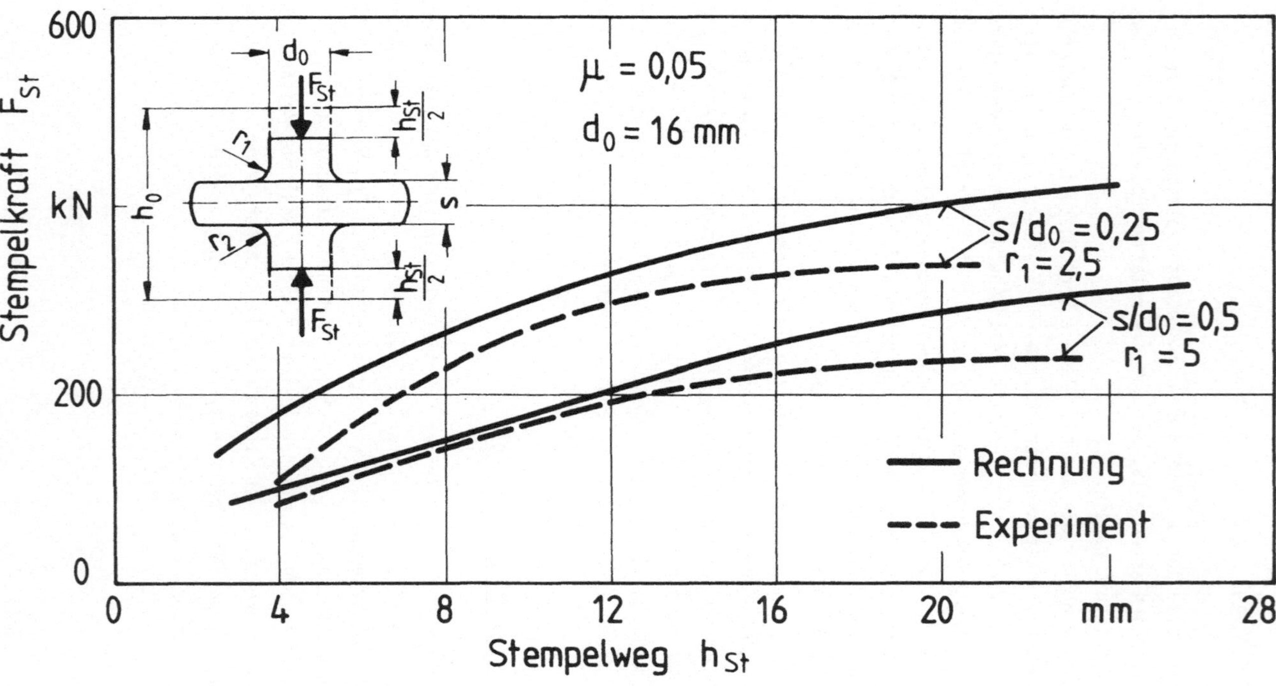

Bild 64: Vergleich berechneter (FEM) und gemessener Stempelkräfte bei Variante III.

4.3   Spannungsverteilung

Die errechneten Spannungen lassen sich experimentell nicht überprüfen; verschiedene Aussagen der Rechnung können qualitativ bestätigt werden.

Die hohen Radialspannungen am Auslaufradius, besonders ausgeprägt bei kleinen Radien, wurden bestätigt, weil Risse der einfach armierten Matrizen am Auslaufradius bei kleinen Spalthöhen $s/d_0 = 0,125$ und $r_1 = 1$ mm bzw. 0,5 mm entstanden. Die Zone des Übergangs der Tangentialzugspannungen im Bund in Tangentialdruckspannungen wurde durch die Versagensfälle bestätigt. Die vom Außenrand zum Schaft hin verlaufenden Risse kamen in diesem Übergangsbereich zum Stillstand.
Die geringen Radialspannungen im Schaftbereich der QFP-Teile wurden durch die geringe Verminderung der Rauhigkeitswerte entlang der Mantellinie belegt. Extreme Axialspannungsspitzen wurden in der FE-Rechnung nicht ermittelt, die gleichmäßige Einebnung der Stirnseitenrauhigkeit der QFP-Teile war eine qualitative Bestätigung der Rechnung.

4.4   Werkstückkontur

Anhand Bild 65 soll der Unterschied zwischen der nach der FE-Rechnung ermittelten und der tatsächlichen Werkstückkontur besprochen werden. Im Bild ist für zwei verschiedene Spalthöhen bei gleichen relativen Radien die Werkstückkontur dargestellt. In beiden Fällen zeigt sich, daß der Werkstofffluß entlang der Auslaufradien gut ermittelt wurde, d.h. die Randbedingungen der FE-Rechnung, die anliegenden Knoten nach Umfließen des Radius von der Bindung an die Werkzeugkontur frei zu machen, bringt realistische Ergebnisse.
Der Winkel zur r-Achse, unter dem der Werkstoff in den Ringspalt weiterfließt, stimmt ausreichend gut mit der Wirklichkeit überein, und der Verlauf des Bundwulstes wird gut beschrieben. Bei kleinen Spalthöhen tritt allerdings bei der FE-Rechnung der in Kapitel 3.3 besprochene Volumenverlust durch Rückführung der Knotenpunkte auf die Werkzeugkontur im Radiusbereich auf. Das führt zwangsläufig nach längeren Stempelwegen zu kleineren Außendurchmessern als bei den Versuchswerkstücken.

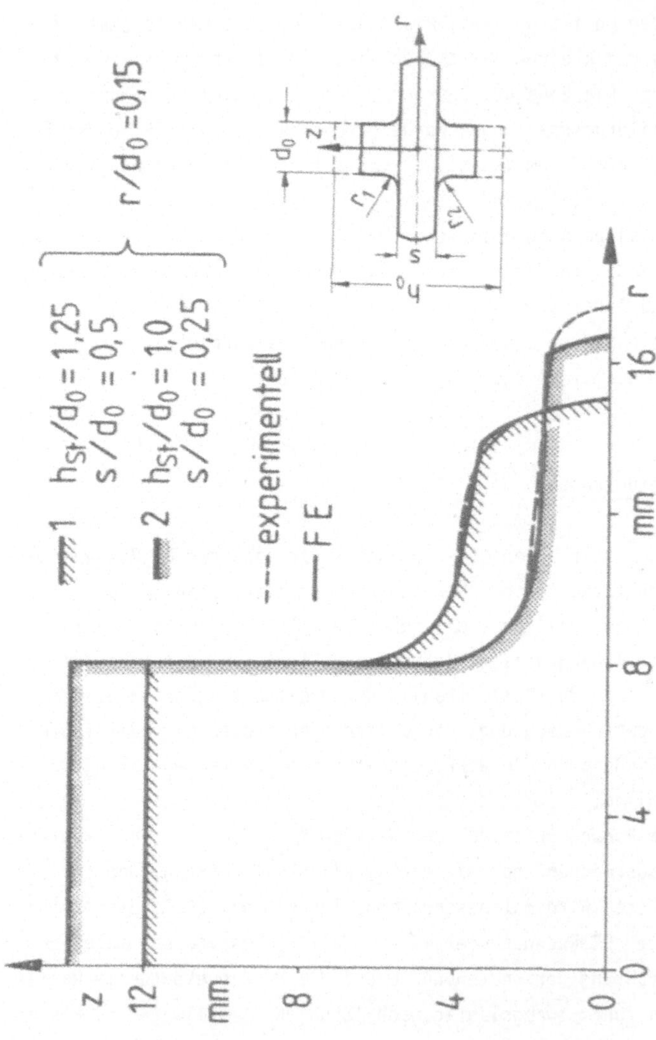

Bild 65: Vergleich der berechneten (FEM) und tatsächlichen Werkstückkontur bei Variante III.

Üblicherweise werden neue Verfahren im Modellversuch entwickelt und erprobt. Die Übertragung der gewonnenen Erkenntnisse auf Bedingungen der
industriellen Produktionstechnik geschieht häufig mit Modellgesetzen. Be-
sondere Bedeutung haben Modellgesetze, wenn ein Umformvorgang analytisch
noch nicht behandelt werden kann. In neuester Zeit hat sich Hergemöller
[41] ausführlich mit der Anwendung der Ähnlichkeitstheorie auf umform-
technische Vorgänge beschäftigt. Zum Verständnis der folgenden Vergleiche
sollen hier nur kurz die wichtigsten Punkte angesprochen werden, ansonsten sei auf [42] verwiesen.

5.1   Ähnlichkeitsgesetze

Da jeder physikalisch-technische Vorgang nach Naturgesetzen abläuft, kann
unabhängig davon, ob diese Gesetze bekannt und mathematisch formulierbar
sind, der funktionale Zusammenhang durch die beteiligten physikalischen
Einflußgrößen beschrieben werden. Da der Vorgang gesetzmäßig abläuft, gilt
der Zusammenhang beteiligter Größen in ähnlicher Art für einen ähnlichen
Vorgang, genannt "Modellausführung", wie für die Hauptausführung".

Neben einer geometrischen Ähnlichkeit liegt dann eine physikalische Ähnlichkeit vor, wenn außer Längenabmessungen auch alle anderen am Prozeß
beteiligten physikalischen Einheiten, wie Kräfte, Zeiten, Geschwindigkeiten, Temperatur, Fließspannung usw. in konstanten Verhältnissen zum Modell festgestellt werden.
Nicht vernachlässigt werden darf die Vorschrift für die Ähnlichkeit der
Randbedingungen. Für die geometrische Ähnlichkeit benutzt man den Längenmaßstab

$$m_1 = \frac{1}{\overline{1}} \tag{12}$$

wobei die auf das Modell bezogenen Größen überstrichen sind.
Zwei Körper sind geometrisch ähnlich, wenn die bestimmenden Abmessungen
zweier Körper in einem konstanten Verhältnis stehen.
Unter Vernachlässigung thermischer, dynamischer und elastischer Größen
kann die Ähnlichkeit der Kräfte auf die plastostatische Ähnlichkeit reduziert werden. Der Kraftmaßstab beträgt

$$m_F = \frac{F}{\overline{F}} \qquad (13)$$

Die plastostatische Kennzahl K_p ergibt sich zu

$$K_p = \frac{F}{k_{fm} \cdot A} = \frac{\overline{F}}{\overline{k}_{fm} \cdot \overline{A}} = \overline{K}_p \qquad (14)$$

Mit (12) und (13) ergibt sich aus (14)

$$m_F = \frac{k_{fm}}{\overline{k}_{fm}} \cdot m_l^2 \qquad (15)$$

Ist der Werkstoff im Modell und in der Hauptausführung identisch, dann ergibt sich für den Kraftmaßstab

$$m_F = m_l^2 \qquad (16)$$

Die bezogene Umformkraft p_{St} ist laut [41] nicht von der absoluten Proben-abmessung abhängig. Wie sich leicht zeigen läßt, ist sowohl bei der Um-formarbeit als auch bei der Reibarbeit

$$W \sim (\text{Längenänderung})^3$$

und damit der experimentelle Unterschied eher auf thermische Nichtähnlich-keit zurückzuführen.
Die Ähnlichkeit der Reibung mit $\mu = \overline{\mu}$ ist gegeben, wenn in vergleichbaren Fällen gleiche Oberflächenrauheit vorhanden ist und der gleiche Schmier-stoff verwendet wird [41].

5.2   <u>Überprüfung der Gesetze auf Gültigkeit beim Querfließpressen</u>

Für die Vergleiche standen Rohteile aus QSt 32-3 mit geometrisch ähnlichen Abmessungen bezüglich Rohteildurchmesser und Auslaufradien zur Verfügung ($d_0 = 32$ mm, $r = 5$ mm und $r = 1$ mm; $d_0 = 16$ mm, $r = 2,5$ mm und $r = 0,5$ mm). Die geometrische Ähnlichkeit konnte bei der Rohteilhöhe nicht eingehalten

werden. Die Übertragung der relativen Rohteilhöhe h_0/d_0 = 5,0 bei d_0 = 16 mm
auf den Rohteildurchmesser d_0 = 32 mm war aufgrund dadurch bedingter Werk-
zeugwechselteile nicht im Rahmen dieser Arbeit unterzubringen. Bei d_0 =
32 mm ergab sich dadurch h_0/d_0 = 3,0.
Diese Tatsache verliert jedoch an Gewicht, wenn man bedenkt, daß für die
Bewertung des QFP-Vorgangs der relative Stempelweg h_{St}/d_0 ein Maß für das
umgeformte Volumen darstellt und bei ähnlicher relativer Spalthöhe s/d_0
das in den seitlichen Werkzeugraum ausfließende Volumen ähnlich ist.
Wie Versuche mit unterschiedlichen Rohteillängen zeigten, ist der Einfluß
auf die maximale Stempelkraft geringer als erwartet. Die Ähnlichkeit der
Reibung ist gegeben, weil die Rohteile mit annähernd gleicher Oberflächenrauheit und mit der genau gleichen Oberflächenschicht versehen waren.
Die Ähnlichkeit der Randbedingungen ist gewährleistet, weil alle Versuche
mit demselben Versuchswerkzeug und auf derselben Maschine durchgeführt
wurden. Die mechanischen Kennwerte des verwendeten Werkstoffs sind trotz
eines in der Praxis unvermeidlichen Streubereichs als gleich anzusehen.

5.2.1   Werkstückform

Wie die Versuche zeigten, ist die Geometrie des ausgepreßten Bundes ein
empfindlich reagierendes Resultat des Werkstoffflusses. Beim Vergleich der
Neigung der Bunddeckflächen ergab sich, daß bei geometrisch ähnlichen relativen Spalthöhen und Auslaufradien in Bild 40 die Neigung bei d_0 = 32 mm
größer war. Die Differenz von ca. 10° wurde auch beobachtet, wenn die Auslaufradien verändert wurden. Die Neigung der Deckflächen vergrößerte sich
bei einer Zunahme von s/d_0 um 0,25 jeweils um ca. 15° im Bereich der Experimente.
Wegen der Abweichung der Neigungswinkel bei ähnlichen Abmessungen ist eine
Ähnlichkeit der Winkellage nicht festzustellen. Damit zeigt sich, daß Ungleichmäßigkeiten in der Verteilung der Fließspannungswerte, thermische
Einflüsse und unterschiedlicher Werkstofffluß während des instationären
Umformvorganges einen sichtbaren Ausdruck in Form unterschiedlicher Werkstückkontur erhalten.
Der relative Bundwulstradius r_F/d_0 ist für beide Durchmesserbereiche ähn-
lich groß und beträgt ca. 0,37 bei gegebener ähnlicher Spalthöhe. Der Bund-
wulstradius wird sofort zu Beginn des Umformvorgangs in Abhängigkeit der
Spalthöhe maßgeblich festgelegt und auf radialem Weg nur wenig verändert.

Der Einfluß der Auslaufradien ist vernachlässigbar klein. Entsprechend Bild 42 nimmt der Radius r_F linear bei beiden Rohteildurchmessern zu, wenn s/d_0 vergrößert wird. Die Bundwulstradien sind geometrisch ähnlich.

Aufgrund der nicht ähnlichen Bunddeckflächen und des dadurch im Bund unterschiedlich verteilten Volumens ist keine Ähnlichkeit des relativen Bunddurchmessers d_1/d_0 gegeben (Bild 44).

5.2.2   Stempelkräfte

Die Ähnlichkeit der Stempelkräfte wird anhand Bild 66 belegt. Für ver-

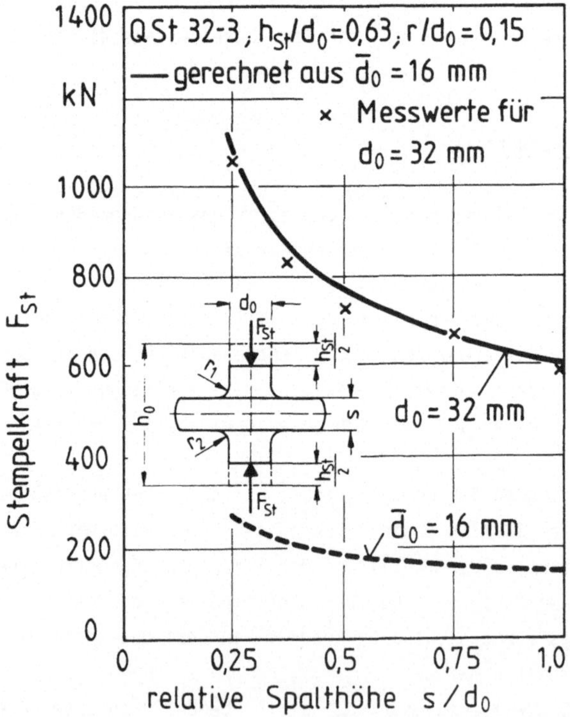

Bild 66: Ähnlichkeit der Stempelkräfte bei verschiedenen Spalthöhen bei Variante III.

schiedene relative Spalthöhen s/d_0 werden aus den Meßwerten der Stempel-kräfte bei d_0 = 16 mm die Stempelkräfte auf d_0 = 32 mm umgerechnet und mit Meßwerten verglichen. Der Längenmaßstab nach Gleichung (12) ist $m_l = d_0/\overline{d_0}$ = 2. Aus der plastostatischen Kennzahl nach Gleichung (14) muß dann bei gleichem Fließverhalten des Werkstoffes im Modell und Hauptversuch der Kraftmaßstab $m_F = m_l{}^2$ sein, d.h. hier $m_F = (d_0/\overline{d_0})^2$ = 4, was durch Bild 66 im Rahmen der zulässigen Meßwertstreuung bestätigt wird.

Eine weiter gehende Übereinstimmung der Ähnlichkeit der Kräfte bei geome-trisch ähnlichen Rohteilen wird in Bild 67 verdeutlicht. Hier wurden ver-schiedene Geometrieparameter im gleichen Maßstab m_l = 2 verändert. Man er-

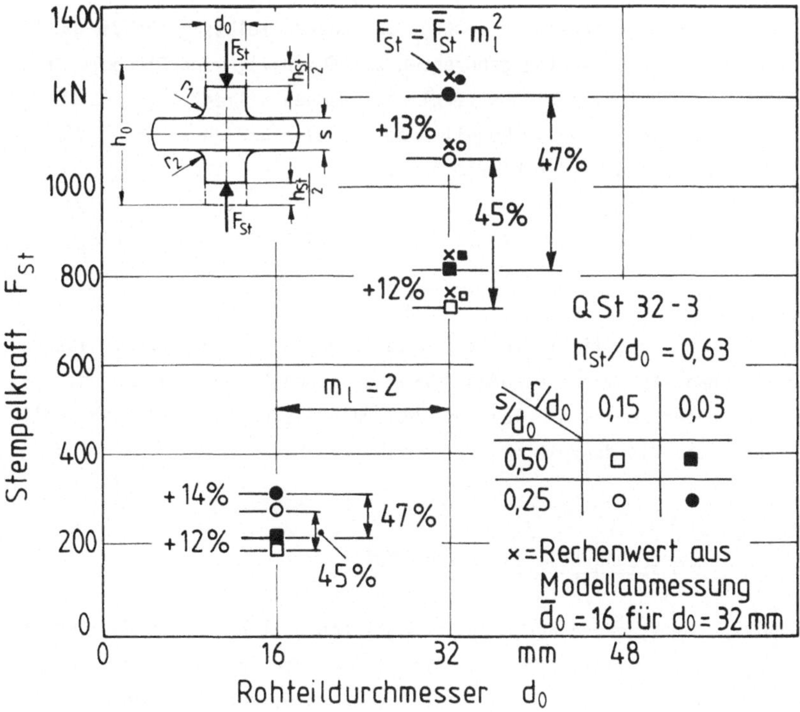

Bild 67: Ähnlichkeit der Stempelkräfte bei geometrisch ähnlichen Rohteil-abmessungen bei Variante III.

kennt eine überraschend gute prozentual gleiche Zunahme der Stempelkräfte
bei d_0 = 16 mm und d_0 = 32 mm, wenn die relative Spalthöhe und der relative Auslaufradius im gleichen Maßstab verändert werden.
In das Bild wurden die nach dem Modellgesetz $F_{St} = \overline{F_{St}} \cdot m_l^2$ von d_0 = 16 mm
auf d_0 = 32 mm umgerechneten Stempelkräfte eingezeichnet. Die Rechenwerte
für d_0 = 32 mm liegen maximal 10 % über den Meßwerten, die geometrische
Ähnlichkeit kann damit bestätigt werden.
Ein weiterer wichtiger Punkt ist die Ähnlichkeit der Kräfte bei verschiedenen Werkstoffen mit unterschiedlichen Fließkurven. Hier besteht die
Schwierigkeit, in der Definition des Maßstabes für die Fließspannung:

$$m_{k_f} = \frac{k_f}{\overline{k_f}} \tag{17}$$

Es bietet sich die Verwendung von k_{fm} an, ebenso zulässig ist die Wahl
eines zu größeren φ -Werten gehörenden k_f (φ = 0,7), wenn Stempelkräfte
gegen Ende des Umformvorganges verglichen werden sollen.
Bei gleichen Abmessungen im Modell- und Hauptversuch aber unterschiedlichen Werkstoffen, wird der Kraftmaßstab

$$m_F = m_{k_f} \tag{18}$$

angesetzt.
Die Auswertung der Fließkurven aus Bild 10 und der Stempelkräfte aus
Bild 23 ergab eine lineare Abhängigkeit zwischen Stempelkräften und k_f-
Werten nach der Beziehung (18) auch bei verschiedenen geometrisch ähnli-
chen Rohteilen mit d_0 = 16 mm.

5.3 Übertragbarkeit auf andere Fälle

Die im Kapitel 5 gefundenen Gesetzmäßigkeiten gelten nur für das QFP mit
zwei entgegengesetzt wirkenden Stempeln. Die Übereinstimmung der vergli-
chenen Versuchswerkstücke unterschiedlicher Abmessungen und Werkstoffe mit
den Ähnlichkeitsgesetzen war gut, so daß für einen weiten Bereich ähnlicher Werkstückabmessungen die Versuchsergebnisse auf andere Werkstückabmessungen übertragen werden dürfen. Damit lassen sich Abschätzungen beim
Kraftbedarf durchführen und Prognosen für den Werkstofffluß und die da-

durch entstehende Bundabmessung anstellen. Die Aussagen bezüglich der Verfahrensgrenzen sind kritisch zu betrachten, da sich der absolute Rohteildurchmesser darauf nachweislich auswirkt.
Da der Werkstofffluß den Modellgesetzen weitgehend gehorcht, dürfen bei
den Gebrauchseigenschaften ähnliche Eigenschaften angenommen werden.

Die Anwendungsmöglichkeiten des Querfließpressens sind im wesentlichen
von den Verfahrensgrenzen bestimmt. Um diese Grenzen zu erreichen oder
zu noch günstigeren Werten hin zu verschieben, ist es notwendig, möglichst
duktile Werkstoffe zu verwenden. Der Werkstoff muß weichgeglüht (GKZ) werden und soll ein feinkörniges Gefüge haben.

Eine niedere Anfangsfließspannung bringt keinen spürbaren Vorteil bezüglich der erreichbaren Verfahrensgrenzen, jedoch sind die Stempelkräfte
der Fließspannung unterschiedlicher Werkstoffe proportional.
Die Bilder 34, 35 und 36 geben die wichtigsten Zusammenhänge bei den Verfahrensgrenzen für die praktische Arbeit wieder. In manchen Fällen werden
bei nach Variante II hergestellten Teilen aufgrund des ausgeprägteren
Druckspannungszustandes im Bund größere Bunddurchmesser erreicht. Rohteillängen $l_2 \approx 8\, d_0$ können nach Versuchen von [2] verwendet werden. Das ergibt
einen langen schlanken Schaft, an den z.B. ein Bund mit s/d_0 = 0,125 und
d_1/d_0 = 1,25 gepreßt werden kann, der als Montageanschlag dient. Setzt man
erste Anzeichen von Einschnürungen am Bund als Versagensfall an, dann lassen sich bei großen Auslaufradien relative Stempelwege von ca. 3,75 d_0 bei
QST 32-3 erreichen.
Aufgrund zu hoher Werkzeugbelastung dürfte nach vorliegenden Ergebnissen
eine minimale Bundhöhe von 0,125 d_0 eine untere Grenze darstellen. Die
Bundhöhe ist nach oben auf 1,4 d_0 < s < 1,6 d_0 begrenzt, weil bei höheren
Werkzeugöffnungen der Versagensfall "Ringfalte" auftritt.

Die Härteverteilung wird bei vorgegebener Spalthöhe s nur durch die Wahl
möglichst großer Auslaufradien gleichmäßiger. Im Bereich der z-Achse in
der Bundmittelebene werden örtliche Vergleichsformänderungen von ε_v > 3,5
erreicht. Dies führt zu einer beträchtlichen Versprödung des Werkstoffes.
Wird am Querfließpreßteil umfangreich spanend nachbearbeitet, empfiehlt
sich eine vorgeschaltete Glühbehandlung, um Resteigenspannungen abzubauen,
die sonst das Bauteil maßlich verändern würden und bis zum Zerstören führen können.

Die instationäre und inhomogene Umformung läßt keine Bestimmung der örtlichen Formänderungen und damit der Werkstoffanstrengung allein aus Abmessungs-

änderungen zu. Bei großen Spalthöhen tritt zudem der Fall ein, daß die freie
Mantelfläche im Werkzeugspalt größer wird als die Stempelfläche.
Für den Flanschbereich kann man den Umformgrad φ als geometrischen Verhält-
niswert

$$\varphi = 2 \ln\left(\frac{d_1}{d_0}\right)$$

definieren und erhält Werte bis $\varphi \approx 1,8$, die etwas größer als der erreichbare Umformgrad beim Stauchen in einem Arbeitsgang sind.

Das umgeformte Volumen kann beim Querfließpressen größer als beim Stauchen
sein, weil die Schlankheit des Rohteils wegen der Führung in der Matrize
keine große Rolle spielt. Allerdings ist die erreichbare Bundhöhe wegen
der Ringfaltenbildung beim QFP auf $1,4\, d_0 < s < 1,6\, d_0$ beschränkt.

Die geringsten Stempelkräfte werden benötigt, wenn Flansche nach Variante I
hergestellt werden. Die Stempelkräfte liegen ca. 50 % bis 70 % unter den
nach der Siebelschen Stauchkraftformel berechneten Kräften für das Stauchen. Mit großen Auslaufradien lassen sich die Stempelkräfte allgemein
verringern.

Der Nachweis der Gebrauchseigenschaften querfließgepreßter Werkstücke mit
oder ohne nachfolgender Wärmebehandlung muß noch erbracht werden.

Für die störungsfreie Funktion des Werkzeuges wird die Verwendung möglichst
dünner Schmierstoffschichten empfohlen, weil sich überschüssiger Schmier-
stoff an den Werkzeugoberflächen absetzt und zu Schwierigkeiten beim Einlegen der Rohteile führt und die Stempel nach dem Ausstoßen des Werkstücks in
Ausstoßposition verklemmen, sofern die Stempel nicht durch starre Anbindung
an die Auswerferstange zwangsweise zurückgezogen werden.

Der Nachteil nicht planparalleler Bund- oder Flanschdeckflächen läßt sich
mindern, wenn durch eine geeignete Werkzeugkonstruktion nach dem Auspressen
durch eine zusätzliche Schließbewegung der Werkzeughälften mit horizontaler
Teilung der Bund bzw. Flansch kalibriert wird, was jedoch die Bereitstel-
lung eines hohen zusätzlichen Kraftbetrages durch die Presse erfordert.

Bei der Konstruktion der Werkzeuge ist zu beachten, daß bei kleinen relativen Spalthöhen Radialspannungen in der Matrizenwand von bis zu 2100 N/mm²
errechnet wurden, die eine zweifach armierte Matrize erforderlich machen.
Die Stempelbelastung kann bis zu 2300 N/mm² und mehr betragen.
Bei Kurbelpressen wird die erhöhte Auftreffgeschwindigkeit der Werkzeuge
beim Schließen der Matrizen zu keinen Einschränkungen des Verfahrens führen, wenn man an die schnell laufenden Mehrstufenkaltumformmaschinen denkt.

Wird die axiale Matrizenschließkraft der benötigten Stempelkraft gleichgesetzt, bleibt das Werkzeug sicher geschlossen, und die Standmenge wird ver-
bessert, weil die Schließkraft eine axiale Vorspannung der Matrizen bewirkt.

Für einen symmetrischen Werkstofffluß bezüglich der Bundmittelebene haben
sich entgegengesetzt wirkende Stempel vorteilhaft erwiesen. Daraus leitet
sich auch die Forderung nach möglichst gleicher Geschwindigkeit beider
Stempel ab.
Werkzeuge mit horizontaler Teilungsebene sind gut in verketteten automati-
sierten Be- und Entladesystemen einzusetzen und bereits in der Großserien-
produktion erfolgreich erprobt [42].

Ziel dieser Arbeit war, das Querfließpressen in einem großen Rahmen auf seine praktische Verwertbarkeit hin zu untersuchen und dabei die wichtigsten Verfahrensgrundlagen zu ermitteln.

Aufbauend auf der Verfahrensdefinition und der Auswertung des Schrifttums wurde eine Formenordnung für Querfließpreßteile erstellt. Der mögliche Anwendungsbereich des Querfließpressens, besonders im Zusammenhang mit Verfahrenskombinationen, ist im Vergleich zu anderen Kaltmassivumformverfahren groß. Daraus folgert eine Mißachtung des Verfahrens in der heutigen industriellen Anwendung.

Für die Untersuchungen wurden Werkstücke mit rotationssymmetrischem Bund bzw. Flansch ausgewählt. Diese Form wurde festgelegt, weil der Gedanke zugrundegelegt wurde, daß bei der Mehrzahl der Querfließpreßverfahren der Werkstoff einen bestimmten Weg frei in einem Werkzeughohlraum fließen muß, bevor der Werkstoff an einer formgebenden Werkzeugoberfläche auftrifft und entlang dieser wieder gebunden umgeformt wird. In diesem Bereich eines Querfließpreßvorganges, in dem an Werkstückoberflächen eine ungebundene Umformung stattfindet, wird entschieden, wann ein Versagensfall eintritt, der hauptsächlich vom Spannungszustand und Formänderungsvermögen des Werkstoffs bestimmt wird. Somit bilden die behandelten Varianten in der Mehrzahl den Grundvorgang aller Querfließpreßverfahren.

Die auf die Verfahrensgrenzen wirkenden Einflußgrößen Spalthöhe und Auslaufradien im Werkzeug sowie Werkstückstoff wurden untersucht und mit eindeutig aussagefähigen Ergebnissen belegt.

Im experimentellen Teil wurden die Einflüsse der Verfahrensparameter auf den Kraftbedarf und die Gebrauchseigenschaften der Werkstücke ermittelt. Das Querfließpressen ist ein über den gesamten Vorgang instationäres Verfahren , mit dem in günstigen Fällen Bunddurchmesser des 2,5-fachen Rohteildurchmessers erreicht wurden. Die Formänderungsverteilung ist sehr inhomogen, die Maximalwerte liegen in einem dünnen scheibenförmigen Bereich in der Bundmittelebene bei beidseitig wirkenden Stempeln.

Die Modellgesetze treffen auf das Querfließpressen im Rahmen der verwendeten Werkstück- und Werkzeugabmessungen zu. Damit sind die Stempelkräfte auf andere Anwendungsfälle übertragbar.

Aus den Ergebnissen dieser Arbeit folgte jedoch auch, daß zu einem tieferen Verständnis des Querfließpressens noch einige Punkte durch weitere Untersuchungen geklärt werden sollten. Dazu gehören die beobachtete Anisotropie im Bund und der Einfluß des absoluten Rohteildurchmessers auf die Formänderungsverteilung. Außerdem muß der Nachweis der mechanischen Gebrauchseigenschaften der Werkstücke mit und ohne Wärmebehandlung nach dem Umformvorgang erbracht werden.

Die analytische Behandlung wurde mit einem FEM-Rechenprogramm durchgeführt. Der errechnete Werkstofffluß, die Spannungen, Formänderungen und der Kraftbedarf stimmten mit den experimentell ermittelten Ergebnissen überein. Die Versagensfälle konnten rechnerisch nicht ermittelt werden.

Der Kraft-Weg-Verlauf ist gekennzeichnet durch einen während eines kurzen Stempelweges steilen Anstieg mit danach ausgeprägt degressivem Verlauf ähnlich einer Fließkurve im σ- ε -Diagramm. Dieser flache Kraft-Weg-Verlauf mit wenig ansteigender Stempelkraft erweist sich als Verfahrensvorteil gegenüber dem Stauchen.

Der Stempelkraft ist in jedem Fall eine Matrizenschließkraft zugeordnet, die von der Presse in ungefähr halber bis gleicher Höhe der Stempelkräfte bereitgestellt werden muß, um das Werkzeug geschlossen zu halten. Die Stempelkräfte sind geringer als beim Stauchen eines Bundes mit gleichen Abmessungen, jedoch entsteht der Nachteil nicht paralleler Bunddeckflächen, die evtl. in einem zusätzlichen Arbeitsgang plangepreßt werden müssen. Dieser Nachteil kann vermieden werden, wenn in geschlossenen Werkzeugen der Bunddurchmesser begrenzt wird und über einen Gratspalt Werkstoffüberschuß verdrängt wird. Dann wird, wie in Versuchen nachgewiesen wurde, der Formfüllfaktor kraftbestimmend, wie dies vom Formpressen mit Grat bekannt ist.

Die Zukunft des Querfließpreßverfahrens wird in den Verfahrenskombinationen liegen, bei denen mit relativ geringen Kräften (Höchstkraft < Höchstkraft desjenigen Verfahrens, das als Einzelvorgang den geringeren Kraftbedarf hat) gleichzeitig gute Formfüllfaktoren und komplexe Werkstückformen erreicht werden können.

8   <u>Tabellen</u>

| Werkstoff | | Legierungsbestandteile in Gewichts-% | | | | | | |
DIN-Bezeichnung	Werkstoff-Nr.	C	Si	Mn	P	S	Cr	DIN-Norm
QSt 32-3 $\frac{\text{Norm}}{\text{Analyse}}$	1.0303	$\leq 0,06$	$\leq 0,10$	0,2-0,4	$\leq 0,04$	$\leq 0,04$		1654
		0,05	0,02	0,35	0,02	0,02		
C 15	1.0401	0,12 – 0,18	0,15 – 0,35	0,3 – 0,6	$\leq 0,045$	$\leq 0,045$		17 210
16 Mn Cr5	1.7131	0,14 – 0,19	0,15 – 0,40	1,0 – 1,3	$\leq 0,035$	$\leq 0,035$	0,8 – 1,1	17 210 1654
C 45	1.0503	0,42 – 0,45	0,15 – 0,35	0,5 – 0,8	$\leq 0,045$	$\leq 0,045$		17 200

Tabelle 1: Chemische Zusammensetzung der Versuchswerkstoffe.

Versuchs- werkstoff Werkstoff- Kenngrößen*	Q St 32-3		C 15		16 Mn Cr 5		C 45	
	Anlief.- zustand ge- zogen	normal- geglüht	Anlief.- zustand	weich- geglüht	Anlief.- zustand	weich- geglüht	Anlief.- zustand	weich- geglüht
Zugfestigkeit R_m [N/mm^2]	425	365	463	408	747	497	726	581
Streckgrenze R_e ($R_{p0,2}$) [N/mm^2]	398	257	308	295	392	343	436	342
Bruchdehnung A [%]	19	38	41	43	23	35	25	31
Brucheinschnürung Z [%]	72	77	68	73	43	75	45	53
Härte HV 10		92		117		143		167
Verfestigungsexponent n aus Zugversuch	0,06	0,185	0,206	0,24	0,141	0,194	0,145	0,179

* Mittelwerte aus mind. 3 Proben

Tabelle 2: Mechanische Eigenschaften der Versuchswerkstoffe.

Q St 32-3	gezogen	$k_f = 606\ \varphi^{0,068}$
	normal-geglüht	$k_f = 637\ \varphi^{0,183}$
	GKZ-geglüht	$k_f = 568\ \varphi^{0,25}$
C 15	Anlieferungs-zustand	$k_f = 784\ \varphi^{0,149}$
	weichgeglüht	$k_f = 727\ \varphi^{0,159}$
16 Mn Cr 5	Anlieferungs-zustand	$k_f = 1064\ \varphi^{0,089}$
	weichgeglüht	$k_f = 817\ \varphi^{0,127}$
C 45	Anlieferungs-zustand	$k_f = 1037\ \varphi^{0,087}$
	weichgeglüht	$k_f = 910\ \varphi^{0,118}$

Tabelle 3: Fließkurven der Versuchswerkstoffe.

Schrifttum

[1]   Lange, K.; Neitzert, Th.; Westheide, H.: Möglichkeiten moderner
       Umformtechnik. wt - Z. ind. Fertig. 73 (1983) Nr. 6, S. 349 bis
       358.

[2]   Hendry, J.C.: An Investigation of the Injection-upsetting of six
       steels. NEL Report No. 642, National Engineering Laboratory, Glas-
       gow 1977.

[3]   N.N.: Some Aspects of Cold Extrusion of Steel. Sheet Metal Ind.
       43 (1966) 468, S. 268 bis 305.

[4]   Cser, L.: Ermittlung der optimalen Werkzeuggeometrie beim radia-
       len Fließpressen. Polytechn. Period., Mech. Engng. 20 (1976) 3,
       S. 189 bis 211.

[5]   Saluja, S.S.; Pandey, P.C.; Dalela,,S.: A theoretical and experi-
       mental investigation in radial extrusion forging. Proceedings of
       the 9th North American Manufacturing Research Conference, May
       1981.

[6]   Bariani, P.; Jovane, F.: Freie Oberflächenprofile und Umformbar-
       keitsgrenzen beim Stauchverfahren (Free surface profiles and work-
       ability limits in the heading process). CIRP-Ann. 31 (1982) 1, S.
       185 bis 190.

[7]   Kuznecov, D.P.; Sawuskin, E.T.: Der Spannungs-Dehnungs-Zustand
       des Werkstoffes beim Querfließpressen. Kuzn.-Stamp. Proizvod./Aus-
       wahlübersetzung (1974) 3, S. 23 bis 34.

[8]   Materniak, J.: Wyciskanie promieniowe metali. Politechnika Poz-
       nanska Rozprawy Nr. 109, Poznan 1980.

[9]   Drel, O.F.; Poljakov, I.S.: Querfließpressen von Kettenrädern mit
       Verzahnung (russ.). Kuzn.-Stamp. Proidzv., 21 (1979) 12, S. 6 bis
       8.

[10] Alexander, J.M.; Lengyel, B.: On the cold extrusion of flanges against high hydrostatic pressure. Journal of the Institute of Metals, Vol 93, 1964-65, S. 137 bis 145.

[11] N.N.: Brittle metals turn ductile in hydrodynamic forming. Iron Age 193 (1964) 22, S. 68 bis 70.

[12] Cogan, R.M.: Hydrodynamic forming. Machinery, London 105 (1964) 2713, S. 1147 bis 1151. s.a.: Machinery, New York 70 (1964) 11, S. 127 bis 133.

[13] Hendry, J.C.; Watkins, M.T.: The production of hollow flanged components from bar stock by upsetting and extrusion. NEL Report No. 628, National Engineering Laboratory, Glasgow 1977.

[14] Dieterle, K.: Faltenbildung als Verfahrensgrenze beim Stauchen von Hohlkörpern. Bericht aus dem Institut für Umformtechnik, Universität Stuttgart, Nr. 30. Essen: Girardet 1975.

[15] Materniak, J.: Kaltquerfließpressen. Draht 30 (1979) 1, S. 2 bis 5.

[16] Bogojawlenski, K.N.; Ris, W.W.; Nikolov, S.S.: Untersuchung des asymmetrischen Fließpressens. Fertigungstechn. u. Betr. 29 (1979) 11, S. 675 bis 680.

[17] Geiger, R.: Der Stofffluß beim kombinierten Napffließpressen. Berichte aus dem Institut für Umformtechnik, Universität Stuttgart Nr. 36. Essen: Girardet 1976.

[18] Sulakov, A.M.; Koselev, O.S.; Nesterov, V.S.: Genauschmieden in zusammengesetzten Gesenken (russ.). Kuzn.-Stamp. Proizvod./Auswahlübersetzung (1980) 5, S.21 bis 27.

[19] Kudo, H.;Shinozaki, K.: Investigation into multiaxial extrusion process to form branched parts. Proceedings of the International Conference of Production-Engineering, Tokyo 1974, Part I, S. 314 bis 319.

[20] Quenzi, P.J.; Kauppila, R.W.; Weinmann, K.J.: Analysis of lateral extrusion of 6061-0 aluminium by slip line theory modified to include strain-hardening. Trans. ASME, Ser.B, J. Engng. Ind. 94 (1972) 4, S. 971 bis 978.

[21] Duncan, J.L.; Johnson, W.; Ovreset, A.: Effect of tool geometry on extrusion pressure in side-extrusion. Annals of the CIRP. Vol. XIV, S. 89 bis 95.

[22] Tomita, Y.; Sowerby, R.: An approximate analysis for studying the plane strain deformation of strain rate sensitive materials. Internat. J. Mech.Sci. 21 (1979) 8, S. 505 bis 516.

[23] Ovcinnikov, A.G.; Drel', O.F.; Poljakov, J.S.: Fließpressen von Werkstücken mit Flanschen und seitlichen Formelementen. Kunzn.-Stamp. Proizvod. Moskva 21 (1979) 4, S. 10 bis 13.

[24] Poljakov, I.S.: Besonderheiten des Schmiedens von Teilen mit seitlichen Vorsprüngen in geschlossenen Gesenken (russ.). Kuzn.-Stamp. Proizv./Auswahlübersetzung (1964) 6, S. 26 bis 35.

[25] Poljakov, I.S.: Das Schmieden von kreuzstückähnlichen Teilen in geschlossenen Gesenken (russ.). Kuzn.-Stamp. Proizv./Auswahlübersetzung (1964) 7, S. 4 bis 11.

[26] Nester, W.; Pöhlandt, K.: Basic methods of plotting stress-strain curves by upsetting tests. Arch. Eisenhüttenwes. 53 (1982) 4, S. 139 bis 145.

[27] Kast, D.: Untersuchungen des Einflusses von Probenquerschnitt und Probenlage bei der Ermittlung von Werkstoffkennwerten an Stabmaterial. Ind.-Anz. 92 (1970) 93, S. 2216 bis 2217.

[28] Ruhfus, H.: Wärmebehandlung der Eisenwerkstoffe. Düsseldorf: Verlag Stahleisen, 1958.

[29] Stüdemann, H.: Wärmebehandlung von Stahl, Gußeisen und Nichteisenmetallen, 2. Auflage. München: Hanser, 1967.

[30] Schumann, H.: Metallographie, 10. Auflage. Leipzig: VEB Deutscher Verlag für Grundstoffindustrie.

[31] Binder, H.: Untersuchungen über das Verjüngen von zylindrischen Vollkörpern. Berichte aus dem Institut für Umformtechnik, Universität Stuttgart Nr. 58. Berlin/Heidelberg/New York: Springer 1980.

[32] Hartley, C.E.N. u. and.: The static axial compression of tall hollow cylinders with high interfacial friction. Int. J. Mech. Sci. 23 (1981) 8, S. 473 bis 485.

[33] Kunogi, M.: Über die plastische Umformung von Hohlzylindern durch axiale Druckkräfte (in japanisch). Rep. Inst. Phys. Chem. Res. Tokyo 30 (1954), S. 63 bis 92.

[34] Jenner, A.; Dodd, B.: Cold upsetting and free surface ductility. Journal of Mechanical Working Technology 5 (1981), S. 31 bis 43.

[35] Steck, E.: Die bruchmechanische Beurteilung des Bauteilverhaltens - Möglichkeiten und Grenzen. In: Tagungsunterlagen "Neuere Entwicklungen in der Massivumformung", Forschungsgesellschaft Umformtechnik, Stuttgart 1981.

[36] Wellinger, K.; Uebig, D.: Einfluß der Kaltverformung auf Härte und Festigkeit unlegierter Stähle. Mitteilungen der Forschungsgesellschaft Blechverarbeitung (1962) Nr. 21, S. 295 bis 304.

[37] Wilhelm, H.: Untersuchungen über den Zusammenhang zwischen Vickershärte und Vergleichsformänderung bei Kaltumformvorgängen. Berichte aus dem Institut für Umformtechnik, Universität Stuttgart Nr. 9. Essen: Girardet 1969.

[38] Bredendick, F.: Methoden der Deformationsermittlung an verzerrten Gittern. Wiss. Z. TU Dresden 18 (1969) 2, S. 531 bis 538.

[39] Bredendick, F.: Zur Ermittlung von Deformationen an verzerrten Gittern. Wiss. Z. TU Dresden 16 (1967) 5, S. 1473 bis 1483.

[40] Roll, K.: Einsatz numerischer Näherungsverfahren bei der Berechnung von Verfahren der Kaltmassivumformung. Berichte aus dem Institut für Umformtechnik, Universität Stuttgart, Nr. 66. Berlin/Heidelberg/New York: Springer 1982.

[41] Hergemöller, R.: Anwendung der Ähnlichkeitstheorie auf Probleme der Umformtechnik. Dr.-Ing. Diss. RWTH Aachen 1982.

[42] Geiger, R.; Schätzle, W.: Grundlagen und Anwendung des Querfließpressens. In: Grundlagen der Umformtechnik II. Berichte aus dem Institut für Umformtechnik Universität Stuttgart Nr. 75. Berlin/Heidelberg/New York: Springer 1983.

Berichte aus dem Institut für Umformtechnik der Universität Stuttgart

Herausgeber Professor Dr.-Ing. Kurt Lange

29 **Untersuchungen über das Aufweittiefziehen**
Von P S Raghupathi. M E ISBN 3-7736-0780-6
80 Seiten Text u 54 Seiten mit 73 Bildern u 2 Tafeln   32.— DM

30 **Faltenbildung als Verfahrensgrenze beim Stauchen von Hohlkörpern**
Von Dipl.-Ing Klaus Dieterle ISBN 3-7736-0781-4
55 Seiten Text u 35 Seiten mit 43 Bildern u 3 Tafeln   28.— DM

31 **Beitrag zur Ermittlung von Fließkurven im kontinuierlichen hydraulischen Tiefungsversuch**
Von Dipl -Ing Franc Gologranc ISBN 3-7736-0785-7
125 Seiten Text u 58 Seiten mit 95 Bildern u 6 Tafeln   Vergriffen

32 **Untersuchungen an Strangpreßmatrizen**
Von Dipl -Ing Klaus Gieselberg ISBN 3-7736-0786-5
101 Seiten Text u 56 Seiten mit 69 Bildern   45.— DM

33 **Beitrag zur Messung der Strangoberflächentemperatur beim Strangpressen**
Von Dipl -Ing. Karl-Heinz Friedrich ISBN 3-7736-0787-3
83 Seiten Text u. 90 Seiten mit 84 Bildern u 3 Tafeln   48.— DM

34 **Über das Umformverhalten von Blechen aus Titan und Titanlegierungen**
Von Dipl -Ing Hans Wilhelm ISBN 3-7736-0788-1
107 Seiten Text u 69 Seiten mit 76 Bildern u 13 Tafeln   Vergriffen

35 **Untersuchung der magnetischen Induktion. Stromdichte und Kraftwirkung bei der Magnetumformung**
Von Dipl -Ing Volker Schmidt ISBN 3-7736-0789-X
60 Seiten Text u 53 Seiten mit 84 Bildern   21.— DM

36 **Der Stofffluß beim kombinierten Napffließpressen**
Von Dipl.-Ing Rolf Geiger ISBN 3-7736-0790-3
111 Seiten Text u 74 Seiten mit 80 Bildern u 6 Tafeln   Vergriffen

37 **Beitrag zum Verhalten superplastischer Werkstoffe beim Massivumformen**
Von Dipl -Ing Hans Schelosky ISBN 3-7736-0791-1
123 Seiten Text u 61 Seiten mit 60 Bildern u 4 Tafeln   Vergriffen

38 **Energieumsatz beim elektrohydraulischen Umformen**
Von Dipl -Ing Hans-Joachim Weckerle ISBN 3-7736-0792-X
103 Seiten Text u 46 Seiten mit 56 Bildern   45.— DM

39 **Elastische Wechselwirkungen an Gestell und Hauptgetriebe weggebundener Pressen**
Von Dipl -Ing. Lutz Schemperg ISBN 3-7736-0793-8
91 Seiten Text u 58 Seiten mit 65 Bildern u 3 Tafeln   45.— DM

40 **Über das plastische Verhalten von Sintermetallen bei Raumtemperatur**
Von Dipl -Ing. Hartmut Honeß ISBN 3-7736-0794-6
84 Seiten Text u 54 Seiten mit 67 Bildern u 2 Tafeln   Vergriffen

41 **Untersuchungen zum Halbwarmfließpressen von Stahl**
Von Dr -Ing Rolf Geiger, Dipl -Ing Eckart Dannenmann und Dipl -Ing Jean Stefanakis
ISBN 37736-0795-4 50 Seiten Text u 33 Seiten mit 34 Bildern u 2 Tafeln   Vergriffen

42 **Änderung der Werkstoffeigenschaften beim Ziehen von zylindrischen Hohlkörpern aus austenitischen und ferritischen nichtrostenden Stählen**
Von Dipl.-Ing Rolf Zeller ISBN 3-7736-0796-2
80 Seiten Text u 52 Seiten mit 34 Bildern u 2 Tafeln   Vergriffen

43 **Untersuchungen über das Fließpressen superplastischer Werkstoffe**
Von Dr.-Ing Hans Schelosky ISBN 3-7736-0797-0
36 Seiten Text u 24 Seiten mit 26 Bildern u 1 Tafel   Vergriffen

44 **Umformende Bearbeitung in flexiblen Fertigungssystemen**
Von Dipl -Ing Hartmut Kaiser ISBN 3-7736-0798-9
87 Seiten Text u 24 Seiten mit 47 Bildern   36.— DM

45 **Geometrische Eigenschaften tiefgezogener kreiszylindrischer Näpfe**
Von Dipl -Ing Dieter Schlosser ISBN 3-7736-0799-7
107 Seiten Text u 64 Seiten mit 60 Bildern u 9 Tafeln   48.— DM

46 **Die Eigenschaften einer AlZnMgCu-Legierung nach ausgewählten Kombinationen von Wärmebehandlung und Kaltumformung**
Von Dipl -Ing Karl Hankele ISBN 3-7736-0880-2.
86 Seiten Text u 51 Seiten mit 52 Bildern u. 4 Tafeln   45.— DM

47 **Kaltmassivumformen von Sintermetall**
Von Dipl -Ing Hans Dieter Schacher ISBN 3-7736-0881-0
84 Seiten Text u 44 Seiten mit 47 Bildern u 5 Tafeln   42.— DM

48 **Rechnerunterstützte Arbeitsplanerstellung und Kostenrechnung beim Kaltmassivumformen von Stahl**
Von Dipl -Ing Peter Noack ISBN 3-7736-0882-9
216 Seiten Text u 116 Seiten mit 134 Bildern u 23 Tafeln   65.— DM

49 **Beitrag zur beanspruchungsgerechten Auslegung von rotationssymmetrischen Fließpreßmatrizen**
Von Dipl -Ing Gunther Kramer ISBN 3-7736-0883-7
94 Seiten Text u 53 Seiten mit 56 Bildern   Vergriffen

50 **Erzeugung gratfreier Schnittflächen durch Aufteilen des Schneidvorgangs (Konterschneiden)**
Von Dipl -Ing Heinz Liebing. ISBN 3-7736-0884-5
87 Seiten Text u 51 Seiten mit 55 Bildern u 4 Tafeln.   46.— DM

Die Berichte 1 bis 75 sind zu beziehen durch das Institut für Umformtechnik, Holzgartenstr. 17, 7000 Stuttgart 1

Die Berichte 75 und folgende sind zu beziehen durch den Springer-Verlag, Berlin Heidelberg New York Tokyo

Die Berichte 76 und folgende sind zu beziehen durch den Springer-Verlag, Berlin Heidelberg New York Tokyo